维持干细胞多潜能性与逆转细胞内质网应激的天然小分子化合物的筛选

秦洪双　著

吉林大学出版社
·长　春·

图书在版编目（CIP）数据

维持干细胞多潜能性与逆转细胞内质网应激的天然小分子化合物的筛选 / 秦洪双著 . —长春 : 吉林大学出版社 , 2021.10

ISBN 978-7-5692-9158-2

Ⅰ . ①维… Ⅱ . ①秦… Ⅲ . ①干细胞—内质网—研究 ②生物小分子—天然有机化合物—研究 Ⅳ . ① Q24 ② Q74

中国版本图书馆 CIP 数据核字（2021）第 213909 号

书　　名　维持干细胞多潜能性与逆转细胞内质网应激的天然小分子化合物的筛选
WEICHI GANXIBAO DUOQIANNENGXING YU NIZHUAN XIBAO NEIZHIWANG YINGJI DE TIANRAN XIAOFENZI HUAHEWU DE SHAIXUAN

作　　者　秦洪双　著
策划编辑　樊俊恒
责任编辑　樊俊恒
责任校对　曲　楠
装帧设计　马静静
出版发行　吉林大学出版社
社　　址　长春市人民大街 4059 号
邮政编码　130021
发行电话　0431-89580028/29/21
网　　址　http://www.jlup.com.cn
电子邮箱　jldxcbs@sina.com
印　　刷　三河市德贤弘印务有限公司
开　　本　787mm × 1092mm　1/16
印　　张　8.5
字　　数　120 千字
版　　次　2022 年 3 月　第 1 版
印　　次　2022 年 3 月　第 1 次
书　　号　ISBN 978-7-5692-9158-2
定　　价　138.00 元

前言

来源于植物、动物和微生物的天然化合物作为药物治疗疾病已经具有几千年的历史了。在古代，人们把药草咀嚼后敷在伤口上从而减轻疼痛，加快伤口愈合。在19世纪，分析化学与结构化学的发展为天然化合物的纯化和结构鉴定提供了有力工具，同时也为研究天然化合物在人体中的作用靶点提供了信息。20世纪，大部分批准的药物是天然化合物或其类似物，如青霉素（抗生素）、环孢霉素（免疫抑制剂）和紫杉醇（抗癌药物）等。这些天然药物改革了医药界，提高了生命质量。

天然化合物有其独特的作用方式。天然产物与生物体的相互作用具有以下几种模式：有的天然化合物以单体的原形形式直接与特定的靶点相作用，这样的天然化合物适合高通量筛选；有些天然化合物进入人体后，经过人体的代谢过程，形成新的代谢产物，新的代谢产物再作用于特定的靶点；不同的天然化合物作用于不同的靶点，相互协调发挥作用，这样的协同作用不同于简单的相加的生物学作用。天然化合物进入体内后，能够调控人体的内源性物质，间接发挥其药理活性。

天然化合物具有很多优点，如结构新颖、活性高、容易吸收、易于代谢和排泄等。尤其是天然小分子化合物具有更多的研究和应用价值：天然小分子化合物易于给药，在生理功能恢复后又易于撤出；小分子化合物具有良好的药用前景；天然小分子化合物经过了生物代谢过程，具有良好的生物适应性。

本书内容全面，深入浅出，实用性强。作者在撰写本书时参考借鉴了一些国内外学者的有关理论、材料等，在这里对此一并表示感谢。由于作者水平有限以及时间仓促,书中难免存在一些不足和疏漏之处,敬请广大读者和专家给予批评指正。

秦洪双

2021年6月

目　录

第一章　维持干细胞多潜能性的天然小分子化合物的筛选 1
引　言 3
第一节　文献综述 4
一、干细胞及其应用 4
二、*Oct*4及其与干细胞的关系 8
三、基于启动子的药物筛选系统 13
四、NF-κB信号通路 16
五、本研究的目的与意义 19
第二节　材料与方法 19
一、实验材料 19
二、实验方法 22
第三节　实验结果 39
一、增强*Oct*4启动子活性的天然小分子化合物的筛选 39
二、EPMC对*Oct*4表达的影响 41
三、EPMC对干细胞自我更新能力及多潜能性的影响 42
四、EPMC促进*Oct*4表达的机制研究 50
第四节　讨　论 55
第五节　结　论 58

第二章　逆转细胞内质网应激的天然小分子化合物的筛选 61
引　言 62
第一节　文献综述 62
一、内质网应激 62
二、内质网应激与疾病 67
三、硒蛋白S 71
四、本研究的目的与意义 72
第二节　材料与方法 73
一、实验材料 73
二、实验方法 75
第三节　实验结果 84
一、内质网应激模型的构建 84
二、抑制*SelS*启动子活性的天然小分子化合物的筛选 85
三、紫杉醇对*SelS*表达与内质网应激的影响 87
四、25-OCH_3-PPD对*SelS*表达与内质网应激的影响 92
第四节　讨　论 99
第五节　结　论 101

参考文献 102
英文缩写词 124

第一章　维持干细胞多潜能性的天然小分子化合物的筛选

干细胞具有自我更新能力和多向分化的潜能，因此，干细胞在基础理论研究、新药研发和再生医学中都有重要应用。但是，由于干细胞在体外培养过程中倾向于自发分化，限制了干细胞的大量扩增与临床应用。干细胞多潜能性和自我更新能力的维持依赖于一个复杂的调控网络，*Oct*4居于此调控网络的核心位置，因此，*Oct*4在维持多潜能性和自我更新中发挥了关键作用。天然化合物已成为新药研发的主要来源。在本研究中，构建了*Oct*4启动子荧光素酶报告基因筛选系统，并筛选了小分子化合物库，以期发现能够维持干细胞多潜能性和自我更新的天然小分子化合物。

我们首先在P19细胞中对209种化合物进行了初步筛选，发现6种化合物（SA5、SA28、SA79、SA95、SA129和SA138）能够显著增强*Oct*4启动子的活性。复筛结果显示，只有SA79（EPMC）能够显著增强*Oct*4启动子活性。进一步的研究结果显示，EPMC能够在mRNA水平和蛋白水平上显著促进*Oct*4的表达。

之后我们检测了EPMC对干细胞自我更新能力及多潜能性的影响。结果显示，EPMC能够显著促进P19细胞和人脐带间充质干细胞（umbilical cord mesenchymal stem cell，UC-MSC）的克隆形成，并且，EPMC对细胞的增殖没有影响，说明EPMC能够增强P19细胞和UC-MSC的自我更新能力。进一步的研究结果显示，EPMC诱导形成的克隆高表达多潜能调控因子*Oct*4、*Sox*2与*Nanog*，提示我们EPMC可能具有增强多潜能性的作用。所以，我们检测了EPMC对P19细胞多向分化能力的影响。结果显示，在EPMC处理的P19细胞所形成的畸胎瘤中，内胚层标志物（AFP）、中胚层标志物（GATA-4，cTnT）和外胚层标志物（Tuj1）的表达都显著高于对照组（DMSO）的畸胎瘤，说明EPMC能够显著增强P19细胞的多潜能性。

EPMC促进*Oct*4表达的机制研究显示，EPMC能够明显激活NF-κB（nuclear factor kappa B）信号通路。利用通路阻断剂PDTC或p65shRNA抑制NF-κB信号通路后，EPMC失去了促进*Oct*4表达的作用。此结果提示，NF-κB信号通路在EPMC促进*Oct*4的表达中是必需的，EPMC促进*Oct*4表达一部分是通过激活NF-κB信号通路来实现的。TRAF6（TNF receptor associated factor 6）是NF-κB信号通路激活的枢纽，免疫共沉淀结果显示，EPMC能够显著激活TRAF6。以往的研究结果显示，TNFR（TNF receptor）信号与MyD88（myeloid differentiation factor 88）依赖的TLR/IL-1R（toll-like receptor/interleukin-1 receptor）信号都能够激活TRAF6，进而激活NF-κB信号通路。因此，我们用shRNA敲低了MyD88的表达，结果显示，EPMC对NF-κB信号的激活作用以及促进*Oct*4表达的作用显著降低，此结果提示，EPMC可能是通过MyD88依赖的信号来激活NF-κB信号通路的。

综上所述，我们的研究结果显示，EPMC可能是通过MyD88依赖的信号激活NF-κB信号通路，进而促进*Oct*4表达，最终增强细胞的自我更新能力和多潜能性。本研究提供了一个能够增强细胞自我更新能力和多潜能性的天然小分子化合物，为干细胞的研究与应用奠定了物质基础。

引　言

干细胞是一类未分化的原始细胞，具有多向分化潜能和自我更新的能力[1]。干细胞在基础理论研究、药物研发、再生医学中都具有重要的应用价值。尤其是在再生医学中，干细胞的应用涉及人体大多数组织和器官，也涉及很多医学难题，如癌症、糖尿病、早老性痴呆、严重烧伤、帕金森病、自身免疫性疾病、脊髓损伤等等[2]。无论是将干细胞应用于药物筛选或临床治疗，首先都要保证有足够的干细胞数量。但是哺乳动物的干细胞数量极少，且倾向于自发分化，所以很难在体外进行长期、大量的培养。在体外培养过程中，若能维持干细胞的未分化状态，使其大量扩增，将为干细胞的应用开辟广阔的前景。

虽然生长因子和生物活性蛋白，如白血病抑制因子（leukemia inhibitory factor，LIF）、碱性成纤维生长因子（basic fibroblast growth factor，bFGF）、胰岛素样生长因子（insulin-like growth factors，IGF-1）可以维持干细胞的多潜能性[3-5]，但是生物活性蛋白和生长因子为大分子活性物质，具有多重功能，能够介入体内错综复杂的生理过程，且具有生产困难、价格昂贵等缺点，导致其应用受限。因此，天然产物，尤其是天然小分子化合物对干细胞的调节作用越来越受到人们的重视。天然小分子化合物作为药物有其独特的优势：小分子化合物易于给药，在生理功能恢复后又易于撤出；小分子化合物易于储藏；天然小分子化合物经过了生物代谢过程，具有良好的生物适应性[6,7]。因此，寻找干细胞的天然小分子调节剂成了干细胞药物的研究热点。

第一节　文献综述

一、干细胞及其应用

自20世纪90年代以来，干细胞的研究已经成为生命科学和医药科学领域的研究热点。干细胞是一类未分化的原始细胞，具有多向分化潜能，能够分化形成多种组织和器官。因此，干细胞研究具有十分重要的理论意义和应用价值[8]。

（一）干细胞的生物学特性

1. 多潜能性（pluripotency）

干细胞具有多向分化潜能，能够分化形成多种类型细胞。根据分化潜能的高低，多潜能性可以分为全能性、多能性和单能性。具有全能性的干细胞可以分化形成任何一种组织或器官，最终发育形成一个完整的个体，如胚胎干细胞（embryonic stem cell，ESC）。多能性干细胞是指具有分化形成多种细胞类型和组织的干细胞，但是失去了形成完整个体的能力，如成体干细胞（somatic stem cell），这类细胞一般存在于成熟的组织和器官中，能够形成相应的组织，构建相应的器官[9]。单能性干细胞是指能够向特定细胞系分化的干细胞，它们具有更窄的发育潜能，如肌肉中的成肌细胞、上皮基底层的干细胞。

2. 自我更新能力（self-renewal）

干细胞能够通过自我复制（即自我更新）来维持自身数量的相对稳定。干细胞的自我更新是通过不均一分裂实现的，在自我更新的同时产生分化的细胞，这样不会因为分化而失去干细胞，这对于维持机体组织、器官的稳定性有着重要的意义。

3. 高度增殖能力

干细胞的另外一个生物学特性是具有高度的增殖能力。干细胞虽然具有多潜能性，但是干细胞的数量极少，只有通过快速扩增才可以更新衰老死亡的细胞。例如，造血干细胞可以通过快速扩增来更新衰老的血细胞。干细胞在体外扩增是干细胞应用的前提和关键。因此，干细胞增殖不仅在维持机体正常功能中发挥重要作用，在干细胞的研究及应用中也具有重要意义。

（二）干细胞的分类

1. 胚胎干细胞（embryonic stem cell, ESC）

胚胎干细胞ESC来源于哺乳动物早期胚胎的内细胞团（inner cell mass，ICM）。胚胎干细胞具有全能性，能够分化形成多种类型的细胞、组织和器官。胚胎干细胞有其独特的特点：①无限的自我更新能力；②能够分化进而形成中、内、外三胚层结构；③高表达多潜能因子*Oct*4、*Sox*2、*Nanog*等；④具有较强的碱性磷酸酶活性；⑤表达特定的胚胎抗原，如SSEA-1等；⑥具有较高的核质比例；⑦具有较高的端粒酶活性[10,11]。

2. 成体干细胞（somatic stem cell）

成体干细胞位于特定的成熟组织中，例如皮肤表皮、肝脏、血液等。成体干细胞不能产生完整的个体，但是能够向相应的组织分化。在正常生理状态下，成体干细胞处于静息状态。在组织受到损伤时，成体干细胞被激活，分化形成相应的细胞，来弥补和修复受伤的组织。例如，表皮干细胞、神经干细胞、造血干细胞在特定条件下可以分化形成表皮细胞、神经细胞和血细胞[12]。

3. 诱导性多潜能干细胞（induced pluripotent stem cells, iPSC）

诱导性多潜能干细胞是指终末分化的体细胞经过重编程（reprogramming）形成的多潜能干细胞。诱导性多潜能干细胞是在2006年由日本Yamanaka研究小组首次命名的。他们用病毒载体将四种基因*Oct*4、*c-Myc*、*Sox*2和*Klf*4导入到小鼠成纤维细胞中，经过重编程把成纤维细胞诱导成为多潜能干细胞。这类多潜能干细胞与胚胎干细胞具有相似的端粒酶活性、细胞表面标记和基因表达谱，并且，iPSC能够分化形成完整的三胚层结构[13]。这些特性说明，iPSC在表观遗传学、基因表达、分化潜能方面与胚胎干细胞几乎没有差别。iPSC与胚胎干细胞不同的是，iPSC不用从胚胎获得，打破了伦理、宗教、法律、免疫排斥等诸多限制[14,15]。因此，iPSC从发现开始，就引起了广泛的关注。经过十几年的研究，诱导iPSC的方法得到了很大发展。常规的用病毒载体导入外源基因的方法有很多弊病，比如外源基因具有致癌作用，也会影响其他基因的表达。运用小分子化合物诱导iPSC避免了致癌作用和遗传损伤，大大提高了临床应用的可能性[6]。

（三）干细胞的调控

1. 转录因子

转录因子对干细胞的命运具有重要影响。例如，转录因子*Oct*4、*Sox*2、*Nanog*、*Klf*4等在干细胞的调节中起到了关键作用。干细胞自我更新能力和多潜能性的维持依赖于一个复杂的调控网络，需要细胞内多种因子的参与和多层次的调控。其中，关键转录因子*Oct*4、*Sox*2和*Nanog*处于这一调控网络的核心位置。它们通过多个过程来调控干细胞命运，例如调控多潜能相关基因和分化相关基因的表达、信号通路的转导、表观遗传修饰等。

关键转录因子既可以维持干细胞的多潜能状态，也能够诱导干细胞的分化。例如*Oct*4既可以维持胚胎干细胞的未分化状态，也可以诱导其向中内胚层分化；*Sox*2也可诱导干细胞向外胚层分化[16]。

2. 生长因子

生长因子能够调控干细胞的分化。例如，表皮生长因子和成纤维细胞生长因子能够诱导角膜缘干细胞向角膜细胞分化；胰岛素生长因子1能够使受精卵发生卵裂；缺失转化生长因子β可使胚胎干细胞向外胚层分化。

3. 端　粒

端粒的长度对干细胞的增殖和分化也有影响。敲除端粒基因的雄性小鼠的精细胞发育出现障碍，造血干细胞的复制能力也随之下降。端粒的长度影响染色体的功能，所以染色体的功能状态对干细胞命运的决定起到了重要作用。

（四）干细胞的应用

随着干细胞理论和研究的快速发展，干细胞已经被广泛应用于生命科学和医药科学的各个领域。

1. 干细胞在基础研究中的应用

研究干细胞在体外的分化过程，可以阐明动物细胞分化以及发育的分子机制。通过基因敲除技术和同源重组技术，研究分化过程中某些基因的功能。研究胚胎干细胞、分化细胞与不同发育阶段的干细胞中差异表达的基因，能够发现新基因。

2. 干细胞在药物研发中的应用

新药的药理、药效、毒理及药代的研究都需要在动物体内进行，需要大量的实验动物。干细胞研究的发展为新药的研发提供了新的研究手段，使得这类实验能够在不同类型细胞中进行，避免了实验动物的浪费[10]。

3. 干细胞在临床中的应用

干细胞最有前景的应用就是生产细胞和组织。很多疾病都是由于细胞功能障碍或组织损伤导致的，如阿尔茨海默病、帕金森病、糖尿病、心脏病、烧伤、中风、脊髓损伤等。目前，捐赠的组织和器官远远满足不了需求，而且异体移植存在强烈的免疫排斥。用自体干细胞形成的组织和器官来取代病变的组织，能够克服供体来源的困难及避免免疫排斥反应。

4. 干细胞在克隆动物和转基因动物生产中的应用

自克隆羊多莉问世至今，已有很多体细胞克隆动物的报道。但是体细胞克隆动物存在很多弊端，如成功率低、容易早衰等。用胚胎干细胞作为核供体克隆出的小鼠，存活率得到大大提高，这表明，使用胚胎干细胞进行动物克隆具有光明的前景。含有目的基因的胚胎干细胞系能够生产出同系转基因动物，为大量生产同系转基因动物奠定了物质基础。

二、*Oct*4 及其与干细胞的关系

八聚体结合转录因子4（octamer-binding transcription factor 4，*Oct*4）是一种核转录因子，能够维持细胞的多潜能性和未分化状态，在早期胚胎发育过程中起关键作用。

（一）*Oct*4 基因的上游调控机制

1. *Oct*4 基因启动子结构

*Oct*4 基因的启动子位于转录起始位点上游-2 601bp/-1bp处。如图1-1所示，*Oct*4基因的启动子包含四个保守区域CR1、CR2、CR3和CR4。这四个保守区域决定了*Oct*4基因转录活性。CR2和CR3分别包含了一个近端增强子（proximal enhancer，PE），CR4包含了一个远端增强子（distal enhancer，DE）。最近的研究发现了一个起负向调控作用的因子，此因子位于CR1和CR2之间，对*Oct*4的表达起重要调控作用[17]。

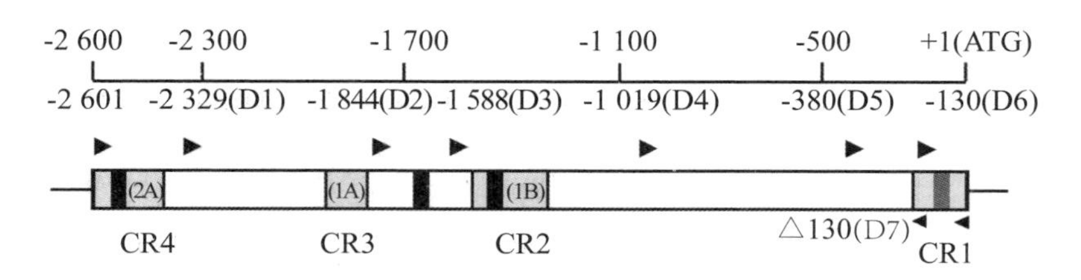

图 1-1 *Oct*4 基因的启动子结构

Figure 1-1 The structure of *Oct*4 gene promoter

2. *Oct4*基因的表达调控

*Oct*4基因的表达调控主要是通过转录起始位点上游的顺式作用元件进行的。*Oct*4基因的启动子具有两种类型的增强子：远端增强子DE和近端增强子PE。在发育的不同阶段，*Oct*4的表达由不同的增强子调控：在桑葚胚和内细胞团ICM阶段，由远端增强子调控；在上胚层阶段，由近端增强子调控；在原始生殖细胞PGCs阶段，由远端增强子调控。其中，近端增强子PE能被视黄酸（retinoic acid，RA）抑制，从而促进细胞分化[18]。

表观遗传修饰对*Oct*4基因表达的调控。*Oct*4基因启动子的甲基化程度与细胞分化密切相关。随着细胞的分化，*Oct*4基因甲基化也随之增加。例如，在小鼠胚胎干细胞中，*Oct*4基因上游区域低甲基化、高乙酰化，而在滋养外胚层中，*Oct*4基因上游区域高甲基化[19]；在视黄酸RA诱导NT2细胞分化为神经细胞的过程中，伴随有*Oct*4基因5′端序列的甲基化程度增加[20]；胚胎在发育到原肠胚时期，基因普遍重新甲基化，使*Oct*4的表达普遍下调[21]。

（二）*Oct*4蛋白结构

人类*Oct*4基因位于染色体6p21.3上，编码324个氨基酸[22]。*Oct*4是POU家族蛋白的一员。POU家族蛋白是一类含有POU结合域的转录因子，能够与DNA结合，调节靶基因的转录。POU结合域含有两个亚单位：N端的POU特异域（POUS）和C端的POU同源域（POUH）。POU特异域由富含酸性残基和脯氨酸的74~82个氨基酸残基组成。POU同源域由60个氨基酸组成，富含苏氨酸、丝氨酸和脯氨酸。POU特异域与POU同源域中间由15~55个高度保守的氨基酸序列相连。人Oct4蛋白的POU特异域由75个氨基酸残基（138~212）组成，POU同源域由60个氨基酸残基（230~289）组成。*Oct*4转录因子经螺旋–转角–螺旋结构与特定的DNA结合，通过特异识别启动子或增强子内的顺式作用元件进而激活基因转录。这些顺式作用元件具有特征性的八聚体结构域ATGCAAAT，又称为Oct结构[23]。

（三）*Oct4* 调控干细胞的多潜能性

*Oct*4作为干细胞全能性的标志[22]，是维持多潜能性和自我更新能力的关键转录因子。

*Oct*4维持胚胎干细胞的多潜能性。在胚胎发育过程中，随着细胞的分化，*Oct*4的表达下调。干涉*Oct*4基因的表达后，小鼠的胚胎只能发育到囊胚期；而且，此囊胚内细胞团中的细胞也不具有全能性，不能发育形成完整的个体，只能发育到滋养外胚层阶段。但是，*Oct*4与其他调控因子不同，它不是以“开”或“关”的方式起调控作用的。在*Oct*4维持胚胎干细胞多潜能性的作用中，不是*Oct*4的表达越多越好，只有*Oct*4的精准表达才能使胚胎干细胞处于未分化状态。在细胞分化过程中，人为地调控*Oct*4基因的表达，可以调控胚胎干细胞的分化方向。*Oct*4的表达上调约两倍时，胚胎干细胞向内胚层与中胚层分化；而*Oct*4表达水平下调时，胚胎干细胞则向外胚层分化[24]。

*Oct*4维持成体干细胞的多潜能性。*Oct*4在成体干细胞中维持多潜能性的作用机制与胚胎干细胞类似。在人骨髓间充质干细胞中，*Oct*4与*Sox*2、*Nanog*等转录因子协同调节下游靶基因的表达，进而维持胚胎干细胞的未分化状态。当*Oct*4的表达受到抑制时，多潜能相关基因表达下调，细胞走向分化[25]。在脂肪间充质细胞中，敲除*Oct*4基因后，多潜能相关基因表达下调，细胞趋向于分化；重新诱导*Oct*4的表达后，细胞的部分功能得到恢复，细胞的增殖和分化能力增强[26]。在小鼠体内下调*Oct*4的表达，能够使神经干细胞分化[27]。在小鼠上皮祖细胞中过表达*Oct*4可以抑制其分化，并且可以引起上皮细胞的异常增生[28]。*Oct*4基因在上皮干细胞、黑色素干细胞、乳腺干细胞和胃干细胞中都有高表达[29,30]。

在体细胞中导入*Oct*4、*Sox*2、*Klf*4和*c-Myc*四种基因能够诱导体细胞重编程为诱导性多潜能干细胞iPS[31,32]。通过转染*Oct*4、*Sox*2、*Nanog*和*Lin*28基因也能使体细胞重编程为多潜能干细胞[33]。随后的研究发现，单独转染*Oct*4基因就可以诱导体细胞成为多潜能细胞，而其他转录因子都可以被去除或替换，说明*Oct*4在维持和诱导干细胞的多潜能性中都起到至关重要的作用[34]。

（四）*Oct*4调控多潜能性的方式

1. *Oct*4参与形成转录调控网络

在干细胞中，*Oct*4与其他一些转录因子形成一个复杂的转录调控网络，共同维持干细胞的未分化状态。其中，*Oct*4与*Sox*2、*Nanog*居于调控网络的核心位置。*Oct*4、*Sox*2与*Nanog*相互结合，形成一个复合物。此复合物可以与*Oct*4、*Sox*2和*Nanog*基因的启动子结合，调节自身的表达，形成自我调节环路，从而使各自基因的表达处于适当的水平和稳定的状态。*Oct*4、*Sox*2和*Nanog*形成的调节复合物，使三者紧密联系，对外界信号的刺激更加敏感[35,36]。

*Oct*4、*Sox*2和*Nanog*还可以形成前馈调节环路调控下游基因的表达。*Oct*4、*Sox*2和*Nanog*通过激活多潜能相关基因和细胞增殖相关基因维持细胞多潜能状态，如多潜能相关基因*stat*3、*zic*3和*hesx*，增殖相关基因*eras*、*myc*。同时，*Oct*4、*Sox*2和*Nanog*还可以抑制分化相关基因的表达，抑制细胞的分化，如中内胚层分化相关基因*myf*5、*hand*1、*atbf*1和*onecut*1，外胚层分化相关基因*otx*1、*hoxb*1[37]。

2. *Oct*4通过调节信号通路转导维持多潜能性

细胞外的信号分子通过细胞内的多种信号通路传递到细胞内，从而调节干细胞的命运。*Oct*4参与调节其中的多种信号通路，包括成纤维细胞生长因子（basic fibroblast growth factor，FGF）信号通路、转化生长因子β（transforming growth factor-β，TGFβ）信号通路、磷脂酰肌醇-3-激酶（phosphatei-dylinositol 3 Kinase，PI3K）信号通路和Wnt信号通路等。

*Oct*4调节TGFβ家族信号。TGFβ家族包括骨形态发生蛋白

4(bone morphogenetic protein,BMP4)、激活素(activin)、TGFβ和Nodal等众多成员。BMP4能够磷酸化Smad1,使其激活进而激活下游id基因的表达。在小鼠胚胎干细胞中,id基因能够维持细胞多潜能性。id基因的激活可由*Oct*4与Smad1共同完成,*Oct*4的表达被抑制后,Smad1与id基因的结合能力降低,说明*Oct*4可以通过促进BMP信号通路的转导来维持小鼠胚胎干细胞的多潜能性[38]。在人胚胎干细胞中,id的表达使胚胎干细胞向滋养层分化。*Oct*4通过负向调控BMP4的表达来维持细胞的多潜能性[39]。Activin/Nodal能够磷酸化激活Smad2/3,对信号通路的下游靶基因进行转录调控,从而维持多潜能细胞标志物*Oct*4、*Sox*2、*Nanog*等基因的表达,最终维持细胞的多潜能状态[40]。有研究表明,在人胚胎干细胞中抑制*Oct*4表达,然后模拟体内胚胎分化过程,Nodal及其靶基因的表达下降,而Activin信号通路成员的表达升高,说明细胞向滋养外胚层分化时,*Oct*4表达下调可能使Nodal向Activin通路转化[39]。

*Oct*4调节FGF信号通路。FGF2通过调节TGFβ信号通路维持人胚胎干细胞的多潜能性与自我更新。FGF2能够通过上调Activin A和TGFβ的表达,同时抑制BMP4的表达,维持人胚胎干细胞的自我更新。*Oct*4能够激活FGF2信号通路,FGF2也能够通过TGFβ信号通路来维持*Oct*4、*Nanog*和*Sox*2等多潜能因子的表达[41]。与FGF2的作用相反,FGF4能够促进胚胎干细胞的分化。在小鼠胚胎干细胞中,FGF4与受体结合磷酸化FRS2,激活的FRS2能够使GTP结合蛋白RAS激活,进而活化MEK、Raf,最终使细胞外受体激酶ERK磷酸化激活。活化的ERK进入细胞核,调节相关基因的表达,从而促进小鼠胚胎干细胞的分化。*Oct*4与*Sox*2能够上调FGF4的表达,进而激活RAS-ERK信号通路,诱导细胞的分化。应用FGF受体拮抗剂抑制FGF4/ERK信号转导可以维持小鼠胚胎干细胞的多潜能性[42]。

PI3K-Akt信号通路在胚胎干细胞的增殖和多潜能性的维持

中发挥重要作用。FGF2与Eras蛋白可以激活PI3K-Akt通路，抑制糖原合成酶激酶GSK3β的表达，阻断p53磷酸化对*Nanog*表达的抑制作用，进而维持胚胎干细胞的自我更新能力[43]。*Oct*4、*Sox*2和*Nanog*能够协同激活ERas基因，激活PI3K信号通路。而且，*Oct*4还可以通过促进细胞增殖相关基因*tcl*1的表达，促进Akt1的激酶活性，进而促进PI3K信号通路的转导[44]。

3. *Oct*4通过表观遗传修饰维持多潜能性

*Oct*4可以通过表观遗传调节干细胞多潜能性，如组蛋白的甲基化和乙酰化、DNA修饰和microRNA表达调控等。组蛋白去甲基化酶Jmjd1a和Jmjd2c可以使多潜能基因启动子区的组蛋白去甲基化而促进多潜能基因的表达，*Oct*4可以促进jmjd1a和jmjd2c基因的表达，进而间接维持多潜能因子的表达[45]。组蛋白的乙酰化和甲基化与*Oct*4有密切关系。在胚胎干细胞分化过程中，*Oct*4表达下调的同时，组蛋白甲基转移酶H3K27HMTase的表达也随之下降；而组蛋白甲基转移酶H3K4HMTase与乙酰化酶H2AFY、H2AFY2的表达上调[39]。在小鼠胚胎干细胞中，*Oct*4调控81个microRNA的转录，其中多数是胚胎干细胞特异性的microRNA，少数是分化相关的microRNA。干细胞核心转录因子（*Oct*4、*Sox*2和*Nanog*等）与microRNA间复杂的调控网络在维持多潜能基因的表达中起到重要作用[46,47]。

三、基于启动子的药物筛选系统

研究天然化合物的生物学活性，可根据研究对象选择不同层次的筛选模型。药物筛选模型包括动物整体水平的药物筛选模型，组织、器官水平的药物筛选模型和细胞、分子水平的药物筛选模型[48-53]。基于启动子的药物筛选系统属于细胞、分子水平的药物筛选，它是将真核基因在转录水平的表达调控与药物筛选相结合，从而高效准确地筛选药物，为合理用药、疾病的预防和治疗提供科学依据。

（一）原　理

基于启动子的药物筛选系统是依据顺式作用元件与反式作用因子之间的相互作用建立起来的[54]。此处的启动子是指广义的启动子，包含基本启动子、增强子和沉默子。待筛选药物作用于细胞后，通过各种信号通路作用于靶基因的启动子区，通过调节启动子区的增强子和沉默子来调控靶基因的表达。最后，靶基因表达水平可以由报告基因的强弱反映出来（见图1-2）。

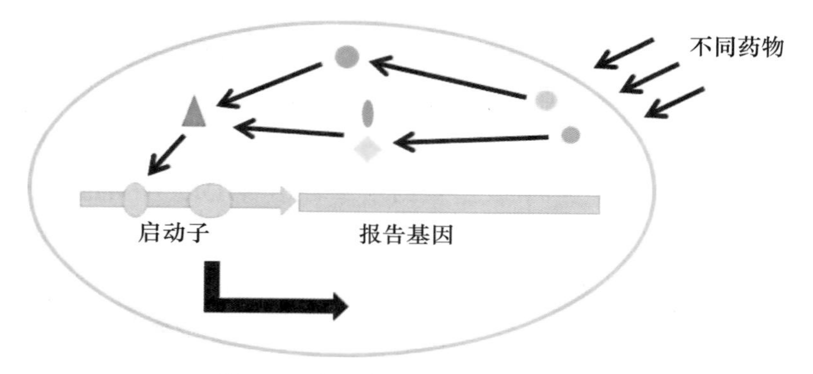

图 1–2　基于启动子的药物筛选模型

Figure 1-2　Drug screening model based on promoters

1. 顺式作用元件

顺式作用元件是指结构基因上游的一段非编码的DNA序列，这段DNA序列与结构基因相串联，能够与特定的转录因子结合、启动或增强转录。顺式作用元件可以分为两类，起正调控作用的顺式作用元件（启动子和增强子）和起负调控作用的顺式作用元件（沉默子）[55]。

（1）启动子

真核基因的启动子是指位于转录起始位点上游的一段DNA序列，长度约为100 ~ 200 bp，能够被RNA聚合酶识别并与之结合，从而启动转录。启动子决定了基因转录的起始时间和转录强度。启动子中包含若干DNA序列元件，这些DNA序列元件具有独立功能，长度约为7～20 bp[56]。

典型的启动子只含有一个转录起始位点，转录活性较高。典型的启动子包括两个DNA序列元件：TATA框和CAAT框。TATA框位于转录起始位点上游约–30 bp的位置，是核心启动子元件。TATA框的碱基序列为TATAATAAT。它为RNA聚合酶提供结合位点，可以保证转录起始的准确性[57]。TATA框是关键的RNA聚合酶结合位点，TATA框中的碱基突变，会导致转录从异常位置开始，从而影响基因的正确表达。CAAT框的碱基序列为GGCTCAATCT，位于转录起始位点上游约–70/–80 bp的位置。CAAT框也是顺式作用元件的核心序列，是RNA聚合酶和转录因子的结合位点之一，能够控制转录的频率。CAAT框中的碱基突变，会导致转录频率下降，mRNA的数量明显减少。

除了典型的启动子，还有一些不含有TATA框的启动子。这些启动子含有一个或者多个相互分离的转录起始位点，转录活性较低。

（2）增强子

增强子是距离转录起始位点较远的的顺式作用元件，一般位于–1/–30 kb处，可以提高转录效率。增强子的长度约为50 bp，其内部包含一个产生增强效应所必需的核心序列：（G）TGGA/TA/TA/T（G）。除了核心序列，增强子主要由重复序列组成，这些重复序列以单拷贝或多拷贝串联形式存在[58]。增强子的功能具有以下几个特点：增强子可以显著提高转录效率，可以使转录效率提高100～200倍；增强子的功能依赖于启动子，没有启动子增强子无法发挥作用；增强子起作用的方式与距离和方向无关；增强子具有细胞和组织特异性，这是由细胞或组织中的特异性蛋白因子决定的；增强子的功能具有累加效应。

（3）沉默子

沉默子的作用与增强子相反，可以降低或者关闭基因转录。沉默子可以远距离发挥作用，其作用不受序列方向影响[59]。

2. 反式作用因子

反式作用因子也称为转录因子，是一种能与顺式作用元件直接或间接相结合的调节蛋白。真核生物的反式作用因子主要包括两个功能结构域：DNA结合结构域与转录激活结构域。DNA结合结构域包括螺旋－转角－螺旋结构、锌指结构、亮氨酸拉链结构和螺旋－突环－螺旋结构。转录激活结构域富含脯氨酸结构域、谷氨酰胺结构域与酸性α螺旋结构域。

（二）优势和发展

与传统的筛选方法相比，基于启动子的药物筛选方法具有很多优势，如药物用量少、成本低、速度快、适合高通量筛选、能够发现构效关系等。而且，基于启动子的药物筛选方法的主要优势在于它是以机理为基础的，利于研究药物的作用机制。例如，将基于启动子的药物筛选方法与基因表达谱相结合，能够快速判断出药物的作用机理；研究启动子突变后药物对其突变体的作用可以发现药物作用的信号通路。

高通量筛选HTS与高内涵筛选HCS是近年来发展起来的药物研发的高新技术[60]。基于启动子的药物筛选方法与高通量筛选或高内涵筛选相结合，能够准确、高效、全面地评价化合物的活性、作用机理，同时也有利于构效关系的研究和结构的优化[61]。因此，基于启动子的药物筛选方法与高通量和高内涵筛选的结合是新药筛选技术的必然发展趋势。

四、NF-κB信号通路

核转录因子κB（nuclear factor kappa B，NF-κB）是一个转录因子蛋白家族。NF-κB是在1986年由Baltimore和Sen首次从B淋巴细胞核中提取的。NF-κB在多种细胞和组织中都有表达，经活化后NF-κB能与多种基因的增强子结合，增强基因转录，进而参与多种生理和病理过程。

（一）NF-κB的结构

NF-κB属于Rel蛋白家族，包含p105/p50（NF-κB1）、p100/p52（NF-κB2）、RelA（p65）、RelB和c-Rel五个成员。NF-κB蛋白N末端均含有一个高度保守的结构域，大约由300个氨基酸残基构成，称为Rel同源结构域（rel-homology-domain，RHD）。根据C末端的不同，可将NF-κB蛋白分为两类。一类是p105和pl00前体蛋白，其C末端含有锚蛋白重复序列（ankyrin repeat motif，ARM），经蛋白酶水解后可形成成熟的p50和p52[62]。这类蛋白虽然含有RHD，但是缺乏转录活性区，因此没有独立激活基因转录的功能，而是作为一种抑制分子存在。另一类是RelB、c-Rel和p65，它们没有前体，在C端有一个或多个反转录激活区（transactivation domain，TD），具有独立激活基因转录的功能[63]。活化的NF-κB是一个二聚体，由五种NF-κB蛋白成员组成。不同的NF-κB蛋白成员之间可以形成多种同源或异源的二聚体，其中，p65和p50形成的异二聚体活性最高，几乎在所有细胞中都存在[64]。从广义上讲，凡是能与DNA上NF-κB结合区域相结合的Rel蛋白组合都可以称为NF-κB，但习惯上通常只将p50/p65二聚体称为NF-κB。

（二）NF-κB的激活

在大多数细胞中，NF-κB通常与其抑制蛋白IκB（inhibit κB）相结合，以无活性的复合物存在于细胞质中。哺乳动物的IκB家族包括六个成员（IκBα、IκBβ、IκBγ、IκBδ、IκBε和Bcl-3）[65]。IκB的N端含有Ser磷酸化位点和泛素化位点，在IκB的降解中起重要作用。多数IκB的C端含有PEST结构域，是蛋白酶作用的靶点[66]。在IκB家族成员中，起主要作用的是IκBα，因此，IκBα的研究也最为深入。IκBα主要与含有c-Rel和RelA亚基的二聚体偶联，使NF-κB处于无活性状态[67]。

经典的NF-κB激活途径依赖于IκB蛋白激酶（IκB kinase，

IKK）的作用[68]。IKK是一个蛋白复合体，包括三个亚基IKKα、IKKβ和IKKγ/NEMO。其中，IKKα和IKKβ是催化亚基，IKKγ/NEMO为调节亚基[69,70]。在细胞受到外部信号刺激时，IKK复合物被磷酸化。激活的IKK首先使IκB的C末端PEST结构域磷酸化，而后使N末端的Ser磷酸化（IκBα为32位和36位，IκBβ为19位和23位）[71]。磷酸化的IκB N末端第21位和22位Lys与泛素分子相结合。泛素化的IκB构象改变，被26S蛋白酶识别、降解，NF-κB二聚体得到释放，进入细胞核，对下游靶基因的转录进行调控[72]。

非经典的NF-κB信号通路的激活不依赖于IKK复合体的作用。有研究表明，胞浆钙蛋白酶能使IκB降解，从而使NF-κB活化，这个过程不依赖于泛素蛋白酶体系。

可以诱导NF-κB活化的因素有很多，如炎症细胞因子（IL-1β、TNF-α）、植物血凝素（phytohaemagglutinin，PHA）、佛波酯（phorbol 12-myristate 13-acetate，PMA）、刀豆蛋白A（concanavalin A，Con-A）、细菌脂多糖（lipopolysaccharides，LPS）、病毒及双链RNA、紫外线、活性氧、放线菌酮以及离子射线和化疗药物等[73]。

（三）NF-κB的生物学功能

NF-κB的活化不仅与细胞的生长、分化、增殖、凋亡和免疫应答有关，还与肿瘤的发生、发展、浸润和转移等有密切关系[74-76]。

NF-κB能够调控很多免疫炎症因子的表达，如黏附分子（VCAM-1、ICAM-1和ELAM-1）、细胞因子（IL-2、IL-2Rα、IL-6、IL-8、IL-10、TNF和MCP-1/JE）及主要组织相容性复合体（major histocompatibility complex，MHC）等。免疫细胞中NF-κB的活性可以影响整个机体的免疫状态。例如，NF-κB能够通过免疫球蛋白基因调控B细胞的生长发育[77]。敲除p50亚基后，小鼠的B细胞免疫反应出现缺陷，说明NF-κB 参与调控B细胞免疫反应系统[78]。NF-κB能够通过调节IL-2的表达来调控T细胞活化和增殖[79]。

NF-κB具有抗细胞凋亡的作用[80]。NF-κB的抗凋亡作用主要是通过调控下游的抗凋亡基因实现的，如Bcl-2家族成员、TRAF家族成员和IAPs家族成员等。

五、本研究的目的与意义

干细胞的研究不但有助于解决有关生长发育的基础理论难题，还可以应用于创伤修复、抗衰老和神经再生等临床疾病治疗。但是，干细胞在体外培养过程中倾向于自发分化，阻碍了干细胞的大量扩增及临床应用。天然小分子化合物作为干细胞的调节药物具有结构新颖、价格低廉及易于保存等优势。干细胞多潜能性的维持依赖于一个复杂的调控网络，*Oct*4居于此调控网络的核心位置。本研究以*Oct*4基因启动子为靶点，筛选天然小分子化合物，以期得到能够维持干细胞自我更新能力和多潜能性的天然小分子化合物，并阐明其作用机制。

本研究可以为干细胞的调控提供备选药物。对筛选得到的化合物的作用方式进行研究，还可以阐明多潜能性维持以及重编程的分子机制。

第二节　材料与方法

一、实验材料

（一）实验试剂

1. 细胞培养相关试剂

DMEM培养基购买自美国GIBCO公司，DMEM/F12培养基和胎牛血清购买自美国Hyclone公司，胰蛋白酶购买自美国Amresco公司，二甲基亚砜（DMSO）购买自美国Sigma-Aldrich公司，青霉素、链霉素购买自中国北京华美公司。

2. 抗　体

兔抗*Sox*2多克隆抗体（sc-20088）、兔抗IKKα/β多克隆抗体（sc-7607）、兔抗IκBα多克隆抗体（sc-847）、兔抗p50多克隆抗体（sc-8008）、兔抗TRAF6多克隆抗体（sc-7221）、兔抗Ub多克隆抗体（sc-9133）、兔抗MyD88多克隆抗体（sc-11356）、兔抗GATA4多克隆抗体（sc-25310）和山羊抗Histone1多克隆抗体（sc-34464）购买自美国Santa Cruz Biotechnology公司，兔抗p65多克隆抗体（4764s）、小鼠抗p-IκBα单克隆抗体（9246s）和兔抗p-IKKα/β（2697s）多克隆抗体购买自美国Cell Signaling公司，兔抗*Oct*4多克隆抗体（ab18976）、兔抗Tuj1多克隆抗体、兔抗AFP多克隆抗体（ab46799）和小鼠抗cTnT单克隆抗体（ab10214）购买自Abcam公司，小鼠抗GAPDH单克隆抗体（KC-5G4）购买自中国上海康成生物公司，HRP标记的山羊抗小鼠抗体（A0216）与HRP标记的山羊抗兔抗体（A0208）购买自中国北京鼎国昌盛生物技术有限公司，荧光标记的山羊抗兔抗体购买自中国上海碧云天生物技术有限公司。

3. RNA提取相关试剂

Trizol购买自美国Invitrogen公司，DEPC购买自美国Sigma-Aldrich公司，核酸marker DL2000与λ-DNA/*Hind* Ⅲ购买自日本TaKaRa公司。

4. 荧光素酶及β-半乳糖苷酶活性检测相关试剂

荧光素购买自美国BD公司，ONPG购买自中国上海生物工程公司。

5. 酶　类

T4 DNA连接酶、T4 DNA聚合酶、限制性内切酶和Taq DNA聚合酶购买自日本TaKaRa公司，RNA酶购买自美国Sigma-Aldrich公司。

6. 试剂盒

逆转录试剂盒购买自日本TaKaRa公司，磷酸钙转染试剂盒购买自中国上海碧云天生物技术有限公司，免疫共沉淀试剂盒购买自美国Thermo Scientific公司，Entranster^{TM}-D转染试剂盒购买自中国北京英格恩公司。

7. 其　他

DAPI与预染蛋白质分子量marker购买自中国上海碧云天生物技术有限公司，MTT购买自美国Sigma-Aldrich公司。PMSF、抑肽酶（aprotinin）、亮抑酶肽（leupeptin）和胃酶抑素（pepstatin）购买自Bios Canaca公司，常用试剂均为国产分析纯。

（二）实验仪器

PCR仪（美国赛默飞世尔科技有限公司），DNR Bio-imaging Systems（以色列DNR成像系统有限公司），Tanon GIS-2020凝胶成像系统（中国上海天能科技有限公司），ICE MICROMAX RF离心机（美国赛默飞世尔科技有限公司），冰浴-孵育器（长春博研科学仪器有限责任公司），蛋白电泳仪（美国Bio-Rad公司），−80 ℃超低温冰箱（美国赛默飞世尔科技有限公司），荧光化学发光检测仪（德国BMG LABTECH GmbH公司），HZQ-C空气浴振荡器（哈尔滨东联电子技术开发有限公司），Model-680酶标仪（美国Bio-Rad公司），HSS-1数字式超级恒温水浴槽（上海精宏实验设备有限公司），TY-80B脱色摇床（江苏省金坛区环宇科学仪器厂），ZT-Ⅰ型微型台式真空泵（宁波石浦海天电子仪器厂），微波炉（格兰仕电器有限公司），pH计（日本岛津公司科学仪器有限公司），电子分析天平（上海科达测试仪器厂），二氧化碳培养箱（美国赛默飞世尔科技有限公司），YJ-1450型超净工作台（苏净集团安泰空气技术有限公司），倒置荧光显微镜（日本奥林帕斯有限公司）。

（三）质粒与细胞株

1. 质　粒

pGL3-basic、pNF-κB-luc、CAGA-luc、p53-TA-luc、pRb-TA-luc、pAP1-TA-luc、pSP1-TA-luc、pSTAT3-TA-luc、pCREB-TA-luc、pSREBP-TA-luc 质粒、p65shRNA 表达载体为本实验室保存，pRNAT-U6.1/Hygro 载体购买自中国南京金斯瑞生物科技有限公司，pGL3-Oct4p 质粒、MyD88shRNA 表达载体为本实验室制备。

2. 细胞株

P19 细胞（小鼠畸胎瘤细胞）购买自中国科学院上海生命科学研究院细胞资源中心，并在本实验室传代培养、保存。UC-MSC（脐带间充质干细胞）为本实验室分离培养。

（四）实验药品

209 种天然小分子化合物由本实验室提取保存或购买自中国药品生物制品检定所，其中，EPMC 购买自中国药品生物制品检定所，纯度为 99.6%。

（五）实验动物

六周龄雌性 BALB/c 裸鼠购买自北京维通利华有限公司。

二、实验方法

（一）细胞培养

1. 相关试剂的配制

0.25% 胰蛋白酶溶液：0.25 g 胰蛋白酶粉末，加入 90 mL PBS 溶解，冰浴低速搅拌 30 min，调节 pH 至 7.4，用 PBS 定容至 100 mL，无菌过滤，分装，–20 ℃保存，短期保存可放置于 4 ℃冰箱中。

D-Hanks 缓冲液：NaCl 8 g，KCl 0.4 g，Na_2HPO_4 0.132 g，$NaHCO_3$

0.35 g,葡萄糖1 g,加蒸馏水溶解并定容至1 L,高温高压灭菌30 min。

细胞冻存液：按DMSO∶血清=1∶9的比例进行配制,置于4 ℃冰箱中预冷。

DMEM培养基：将DMEM粉末用蒸馏水溶解,加入3.7 g $NaHCO_3$,按要求加入链霉素和青霉素,青霉素终浓度为100 U/mL,链霉素终浓度为100 μg/mL,加蒸馏水定容至1 L。在超净工作台中过滤、分装,置于4 ℃保存,使用时加入10%的无菌胎牛血清。

DMEM/F12培养基：DMEM/F12培养基购买自美国Hyclone公司。

2. 细胞复苏

用镊子从−80 ℃冰箱或液氮中取出冻存管,立即放入37 ℃温水中迅速摇动,使冻存液溶解。当冻存液剩余黄豆粒大小时,将冻存液转移到含有9 mL培养基（或D-Hanks缓冲液）的尖底离心管中,混匀,600 r/min离心5 min,弃上清。在细胞沉淀中加入1 mL 培养基,用移液器重悬细胞沉淀,吹吸混匀后转移到细胞培养瓶（或培养板）中,加入血清并补足培养基,使细胞在含20%血清的培养基中生长。置于培养箱（37 ℃、5% CO_2）中培养。细胞贴壁后,更换新鲜的含10%血清的培养基。

3. 细胞传代

细胞传代时,弃去旧的培养基,然后加入D-Hanks缓冲液清洗细胞,除去残留的培养基和血清。随后加入0.25%的胰蛋白酶溶液消化细胞,在显微镜下观察,当细胞形态发生变化时,用移液器将胰蛋白酶溶液小心地吸出,尽量不要残留胰蛋白酶。随后加入含10% 胎牛血清的DMEM（DMEM/F12）培养基,用吹打管将细胞吹打至完全脱落,并按照一定比例进行传代。

4. 细胞冻存

选取生长良好的细胞,弃掉培养基,按传代方法将细胞吹起并混匀,取适量细胞悬液转移到离心管中,600 r/min离心5 min,

弃去上清，加入适量冻存液，轻轻吹打混匀细胞，分装至冻存管中，封口标记。先在4 ℃放置15 min，然后在–20 ℃放置30 min，最后转移至–80 ℃过夜，第二天将冻存管转移到液氮中，长期保存。

5. 细胞培养

P19细胞培养于含10% 胎牛血清的DMEM培养基中，在此培养条件下，P19细胞可以自发分化。UC-MSC培养于含10% 胎牛血清的DMEM/F12培养基中，在此培养条件下，UC-MSC也可以自发分化。

（二）以*Oct*4启动子为靶点的化合物筛选

1. 待筛选化合物的配制

将本实验室209种天然小分子化合物，用DMSO配制成母液，浓度为10 mg/mL，置于–20 ℃冰箱保存。在使用时，用DMSO稀释到所需浓度。

2. 目标化合物的初步筛选

将P19细胞接种于6孔板中，24 h后，待细胞长到80%左右时，用EntransterTM-D脂质体转染试剂进行转染。首先准备两个EP管，分别加入75 μL的无血清DMEM培养基。在其中一个EP管中加入3 μg *Oct*4启动子质粒（pGL3-Oct4p），在另外一个EP管中加入9 μL的转染试剂，分别混匀，静止5 min。将上述两种混合液混合，用移液枪反复吹打10次以上，室温静置30 min。将混合液加入P19细胞中，继续培养4 ~ 6 h。然后用胰酶消化细胞，用2 mL DMEM（含10%胎牛血清）培养基重新悬浮细胞。把细胞悬液转移到96孔板中，每孔100 μL，继续培养24 h。用含3%血清的DMEM培养基稀释待筛选化合物，使其终浓度为5 μg/mL。每个孔中加入100 μL化合物的稀释液，继续培养24 h后裂解细胞，进行荧光素酶活性检测。

3. 目标化合物的复筛

将P19细胞接种于24孔板中，待细胞长到80%左右时，用EntransterTM-D脂质体转染试剂按照说明书进行转染。将目的质粒（pGL3-Oct4p或者pGL3-basic）与参照质粒（pCMV-β-gal）共转染P19细胞，转染所用质粒总量为1~1.5 μg/孔（目的质粒+参照质粒）。准备两个EP管，分别加入25 μL的无血清DMEM培养基。在其中一个EP管中加入DNA质粒，在另外一个EP管中加入3 μL的转染试剂，分别混匀，静置5 min。将上述两种混合液混合，并立即吹打10次以上，室温静置30 min。将混合液加入P19细胞中，继续培养24 h。用含3%血清的DMEM培养基稀释待筛选化合物，使其终浓度为5 μg/mL。每个孔中加入300 μL化合物的稀释液，继续培养24 h后裂解细胞，检测荧光素酶活性。

（三）荧光素酶活性检测

1. 实验试剂

细胞裂解液（pH 7.8）：2 mL 100% TritonX-100，200 μL 1 mol/L DTT，0.73 g $MgCl_2$，0.304 g EGTA，0.66 g甘氨酸，加无菌水溶解后调pH 值至7.8，之后用无菌蒸馏水定容至200 mL。

荧光素酶活性检测缓冲液：1.5 μL 0.1 mol/L ATP，0.5 μL 1 mol/L $MgCl_2$，1 μL 0.5 mol/L KH_2PO_4，2 μL无菌水。

荧光素酶活性检测液：1 μL 20 mmol/L 荧光素，20 μL 0.5 mol/L KH_2PO_4，80 μL无菌水。

10×β-半乳糖苷酶活性检测缓冲液（pH 7.0）：6.24 g NaH_2PO_4，21.488 g Na_2HPO_4，0.745 g KCl，0.246 g $MgSO_4$，340 μL β-巯基乙醇，加无菌水溶解后调pH 值至7.0，之后用蒸馏水定容至100 μL。

β-半乳糖苷酶活性检测液：12.5 μL 6 mg/mL ONPG，37.5 μL 1×β-半乳糖苷酶活性检测缓冲液。

2. 实验步骤

荧光素酶活性检测：用PBS缓冲液洗涤转染后的细胞，然后在每个孔中加入100 μL细胞裂解液。置于冰上或者–20 ℃冰箱中，放置30 min，使细胞裂解完全。先在96孔酶标板的每个孔中加入5 μL的荧光素酶活性检测缓冲液，然后加入45 μL的细胞裂解物，随后加入100 μL荧光素酶活性检测液，立即用荧光化学发光仪检测荧光素酶的活性。

β-半乳糖苷酶活性检测：在酶标板的每个孔中加入20 μL细胞裂解物，再加入50 μL β-半乳糖苷酶活性检测液。置于37 ℃温箱中，避光条件下反应。待混合液变为黄色时，用酶标仪检测β-半乳糖苷酶的活性（OD_{450}）。用此值来标准化荧光素酶活性值，从而修正由于转染效率和细胞数量的差异而引起的误差。

（四）RT-PCR方法检测*Oct*4基因的表达

1. RNA的提取

用5 μg/mL的EPMC处理P19细胞，12 h后，将细胞从培养箱中取出，用PBS缓冲液（4 ℃预冷）洗涤细胞。然后加入1 mL的Trizol溶液，将细胞吹起转移到1.5 mL EP管中。在Trizol溶液中加入200 μL氯仿，剧烈混匀15~20 s，室温静置2 min后，离心15 min（4 ℃，12 000 r/min）。将上层水相移到另一个EP管中，加入等体积预冷的异丙醇，颠倒混匀数次，室温静置10 min。离心10 min（4 ℃，12 000 r/min），弃上清，在沉淀中加入1 mL 75%乙醇洗涤沉淀，离心5 min（4 ℃，7 500 r/min），重复此步骤一次。弃上清，自然干燥，加入15 ~ 20 μL的0.1% DEPC水，37 ℃溶解30 min，将RNA溶液置于–80 ℃保存。

2. 逆转录

按照说明书使用TransGen Biotech公司的TransScript First-Strand cDNA Synthesis SuperMix试剂盒进行实验。

（1）反应体系（见表1-1）

表 1-1　逆转录反应体系

mRNA 模板	1 μg
Anchored Oligo(dT)18(0.5 μg/mL)	1 μL
2×TS Reaction Mix	10 μL
TransScript RT/RI Enzyme Mix	1 μL
RNase-free Water	加至 20 μL

（2）反应过程

将上述体系的各种试剂依次加入EP管中，混匀，42 ℃孵育30 min。85 ℃加热5 min使TransScript RT失活。

3. PCR反应

以上述逆转录的cDNA为模板，利用*Oct*4基因和β-actin基因的特异性引物进行RT-PCR反应。其中，β-actin为内参基因。

*Oct*4基因特异性引物：5′-GGCGTTCTCTTTGGAAAGGTGTTC-3′（sense）；5′-CTCGAACCACATCCTTCTCT-3′（antisense）。

β-actin基因特异性引物：5′-TCGTGCGTGACATTAAGGAG-3′（sense）；5′-ATGCCAGGGTACATGGTGGT-3′（antisense）。

（1）PCR反应体系（25 μL）（见表1-2）

表 1-2　PCR 反应体系

模板 DNA（1 μg/μL）	5 μL
上游引物（10 μmol/L）	1 μL
下游引物（10 μmol/L）	1 μL
10×Taq Buffer	2.5 μL
2.5 mmol/L dNTP	2 μL
Taq DNA polymerase	1 μL
无菌水	加水至 25 μL

（2）PCR反应条件

94 ℃，5 min；

94 ℃，40 s；
52 ℃，40 s；　} 25周期
72 ℃，1 min；

72 ℃，10 min。

4. 琼脂糖凝胶电泳

（1）实验试剂

50×TAE 电泳缓冲液：242 g Tris，57.1 mL 冰醋酸，100 mL 0.5 mol/L EDTA（pH 8.0），加蒸馏水溶解后调pH至8.4，定容至1 L。使用时用蒸馏水稀释为1×TAE。

DNA marker：DL2000 DNA marker。

琼脂糖粉末。

（2）实验方法

将0.5 g琼脂糖加入50 mL 1×TAE电泳缓冲液中，在微波炉中加热融化，当琼脂糖熔化时，取出摇匀，重复3次。将琼脂糖溶液置于室温，冷却到50 ℃左右，加入5 μL花青素染料，使其终浓度为0.5 mg/mL。将琼脂糖溶液倒在胶槽中，室温静置，使之冷却凝固。30 min后，将梳子拔出。将胶板置于电泳槽中，并将1×TAE电泳缓冲液加入电泳槽中。将10×凝胶上样缓冲液与PCR产物混匀，然后加入上样孔中。盖上电泳槽盖，在电压为130 V条件下进行电泳。溴酚蓝移动到距凝胶前沿2 cm左右时，停止电泳。使用凝胶成像系统观察、拍照、保存图片。

（五）免疫印迹

1. 相关试剂的配制

（1）30%丙烯酰胺溶液：丙烯酰胺 29.2 g，甲叉双丙烯酰胺 0.8 g，加水溶解并定容至100 mL，4 ℃避光保存。

（2）1 mol/L Tris-HCl分离胶缓冲液（pH 6.8）：称取Tris 12 g，加蒸馏水溶解后用1 mol/L HCl调pH至6.8，再加水定容至100 mL，4 ℃保存。

（3）1.5 mol/L Tris-HCl压缩胶缓冲液（pH 8.8）：称取Tris 18.15 g，加水溶解后用1 mol/L HCl调pH至8.8，再加蒸馏水定容至100 mL，4 ℃保存。

（4）10%SDS溶液：称取SDS 10 g，加蒸馏水充分溶解并定容至100 mL，室温保存。

（5）10%过硫酸铵溶液：称取过硫酸铵 1 g，加水至10 mL，充分溶解后短期内4 ℃保存，或现用现配。

（6）4×样品缓冲液：3 mL 0.1 mol/L Tris-HCl（pH 6.8），3 mL β-巯基乙醇，0.8 g SDS，0.01 g 1%溴酚蓝，4 mL甘油，充分溶解并定容至10 mL，室温保存。

（7）10×蛋白电泳缓冲液（pH6.8）：称取甘氨酸 72 g，Tris 15 g，SDS 5 g，加水溶解后调pH至6.8，加水定容至500 mL，室温保存，使用时10倍稀释。

（8）转移缓冲液：称取甘氨酸 4.42 g，Tris 3.02 g，蒸馏水 800 mL，甲醇 200 mL，充分溶解后室温保存，转膜前4 ℃预冷。

（9）20×TBS：称取NaCl 80 g，Tris 24.4 g，加蒸馏水溶解并调节pH至7.6，再加蒸馏水定容至500 mL，室温保存。

（10）TBST：20×TBS 50 mL，Tween-20 2 mL，加水定容至1 000 mL。

（11）5%脱脂奶粉封闭液：称取脱脂奶粉0.5 g溶于10 mL的TBST中。

（12）细胞质裂解液：1 mol/L HEPES-NaOH（pH 7.9），0.5 mol/L EDTA，1 mol/L DTT，1 mol/L NaF，0.2 mol/L PMSF，1 mg/mL亮抑酶肽，1 mg/mL抑肽酶，1 mg/mL胃酶抑素，0.5% NP-40。

（13）细胞核裂解液：1 mol/L HEPES-NaOH（pH 7.9），0.5 mol/L EDTA，1 mol/L DTT，1 mol/L NaF，0.2 mol/L PMSF，1 mg/mL亮抑酶肽，1 mg/mL抑肽酶，1 mg/mL胃酶抑素，5 mol/L NaCl，80%甘油。

（14）全细胞裂解液：1% Triton X-100，0.015 mol/L NaCl，10 mmol/L Tris-HCl，1 mmol/L EDTA，1 mmol/L PMSF，10 μg/mL亮抑酶肽，10 μg/mL胃酶抑素。

2. 细胞蛋白提取物的制备

（1）细胞质蛋白与细胞核蛋白提取物的制备

从培养箱中取出细胞，弃去培养基，用PBS洗涤两次。并用刮刀将细胞刮起，收集至EP管中。5 000 r/min离心5 min，弃去上清。在每管沉淀中加入适当体积的细胞质裂解液，每隔5 min剧烈涡旋1次。30 min后12 000 r/min离心10 r/min，收集上清，得到细胞质提取物。在剩余的沉淀中加入适当体积的细胞核裂解液，每隔5 min剧烈涡旋一次，1 h后12 000 r/min离心10 r/min，收集上清，得到细胞核提取物。

（2）全细胞提取物的制备

从培养箱中取出细胞，弃去培养基，用预冷的PBS洗涤两次。在细胞板中加入适量的全细胞裂解液，放在冰上作用5 min。收集细胞裂解物到EP管中，12 000 r/min离心10 min，收集上清即为全细胞提取物。

3. SDS-PAGE电泳分离及转膜

（1）聚丙烯酰胺凝胶的制备

①浓度为12%的分离胶（7.5 mL）：水2.4 mL，30%丙烯酰胺溶液3 mL，1.5 mol/L Tris-HCl（pH 8.8）1.95 mL，10% SDS 0.075 mL，10%过硫酸铵0.075 mL，TEMED 0.003 mL。

②浓度为5%的压缩胶（3 mL）：水2.1 mL，30%丙烯酰胺溶液0.5 mL，1 mol/L Tris-HCl（pH6.8）0.38 mL，10% SDS 0.03 mL，10%过硫酸铵0.03 mL，TEMED 0.003 mL。

③聚丙烯酰胺凝胶的制备：按要求将垂直电泳板装配好。在两块玻璃板中间加入上述的分离胶，然后加入2 mL蒸馏水，室温静止30 min。待分离胶聚合后，弃去上层的蒸馏水，并用滤纸吸去残留的蒸馏水。加入上述的压缩胶，然后插入梳子。室温静止1 h，使压缩胶聚合。压缩胶聚合后，拔出梳子，并将玻璃板插入电泳槽中，加入适量1×蛋白电泳缓冲液，准备进行电泳。

（2）电泳、转膜与封闭

取适当体积的细胞提取物上样，恒流35 mA进行电泳。当溴酚蓝条带移动到分离胶底部时，将电泳停止。按照预染蛋白分子量marker，切取需要的凝胶，将激活过的（在甲醇溶液中浸泡45 s）PVDF膜与凝胶组装在一起，放入转移槽中，用转移缓冲液（–20 ℃预冷）填满转移槽。将转移槽放入冰盒中，连接电源，在恒压100 V条件下转移约2 h。2 h后，将PVDF膜取出，用TBST洗涤10 min，放入5%的脱脂奶粉封闭液中室温封闭约2 h。

（3）免疫印迹分析

封闭后，将PVDF膜取出，用TBST洗涤10 min，并重复3次。将PVDF膜放入适当稀释的第一抗体中，4 ℃孵育过夜。将PVDF膜从抗体中取出，用TBST洗涤3次，每次10 min，然后将PVDF膜放入1∶2 000稀释的第二抗体中，室温孵育30 min。用TBST洗涤3次，每次10 min。用ECL-Plus试剂盒进行发光检测。

（六）克隆形成实验

1. 软琼脂克隆形成实验

称取5 g琼脂置于三角瓶中，再加入100 mL超纯水，混匀，封口，然后高压灭菌30 min。在超净台中，吸取9 mL预热的（50 ~ 60 ℃）无血清DMEM培养基于10 mL离心管中，然后加入1 mL未冷却的5%的琼脂，迅速用吹打管混匀，即得到了0.5 %的琼脂。吸取1 mL 0.5%的琼脂置于6孔板的一个孔中，室温冷却20 ~ 30 min，即得到了0.5%的软琼脂培养基。在超净台中，将D-Hanks液轻轻加入软琼脂培养基的表面，轻柔摇动2 ~ 3次后，弃去D-Hanks液。重复清洗1次。将P19细胞轻轻地接种于软琼脂培养基的表面，细胞密度为4×10^5个/孔。细胞接种之后，将EPMC加入1 mL含10%胎牛血清的DMEM培养基中，混匀后，再轻轻加入实验组中，EPMC的终浓度为5 μg/mL。对照组用DMSO处理。隔天进行半量换液，方法是从孔的一侧轻轻地吸去1 mL培养基（注意不能吸到细胞），然后加入新鲜的培养基，在其中加入EPMC，使其终浓度为5 μg/mL。8 d后，在对照组和实验组中各加入200 μL MTT（5 mg/mL）进行染色，放回培养箱中继续培养4 h。染色成功后，对细胞进行拍照。

2. 平板细胞克隆形成实验

在超净台中，将P19细胞以1×10^4个/孔的密度接种于6孔细胞板中，用含10%胎牛血清的DMEM培养基补足2 mL。轻轻晃动细胞板，使细胞能够均匀分布于细胞板中，然后放入细胞培养箱中培养。24 h后，将旧的培养基弃去，加入含有EPMC的3%胎牛血清的DMEM培养基，使EPMC的终浓度为5 μg/mL。每隔24 h，弃去旧的培养基，同时加入新的培养基（含3%胎牛血清的DMEM），同样使其中EPMC的终浓度为5 μg/mL。连续培养22 d后，对细胞进行拍照。

（七）细胞免疫荧光染色

1. 相关试剂的配制

（1）10×PBS：2 g KCl，8 g NaCl，2 g KH_2PO_4，15.4 g $Na_2HPO_4 \cdot 12H_2O$，加蒸馏水溶解后，调pH为7.4，再用蒸馏水定容至1 L，121 ℃高压灭菌30 min，4 ℃保存。

（2）固定液：用PBS配制4%的多聚甲醛，先将4 g多聚甲醛加入PBS中，加热至80 ℃，使多聚甲醛完全溶解，再冷却至室温，最后定容至100 mL。

（3）透化液：用PBS溶液配制0.5%的TritonX-100溶液，4 ℃保存。

（4）封闭液：用PBS溶液配制0.5%的BSA溶液，4 ℃保存。

2. 实验步骤

（1）前处理：将6孔板培养的细胞取出，然后用PBS洗涤3次。

（2）固定：向6孔板中加入1 mL 4%的多聚甲醛溶液，室温固定30 min，不可摇动。用PBS洗涤3次，每次5 min。

（3）透化：向6孔板中加入1 mL透化液透化5 min，用PBS洗涤3次，每次5 min。

（4）封闭：用1 mL含0.5%牛血清白蛋白组分（BSA）的PBS室温封闭30 min，弃去液体。

（5）抗体孵育：用含0.5% BSA的PBS以一定的比例稀释一抗，并加入各个样品中，每孔500 μL，4 ℃孵育过夜。弃去一抗，用PBS洗涤3次，每次5 min。用二抗稀释液以1∶500比例稀释荧光染料偶联的二抗，每孔500 μL，在暗室中孵育30 min，弃去液体。用PBS洗涤3次，每次5 min。每孔中加入500 μL适当浓度的DAPI（用PBS稀释），在暗室中孵育15 min，使细胞核染色。弃去染色液，用PBS洗涤3次，用荧光显微镜观察结果。

（八）MyD88shRNA表达载体的构建

我们以pRNAT-U6.1/Hygro为载体构建了MyD88shRNA表达载体。pRNAT-U6.1/Hygro采用U6 RNA pol Ⅲ启动子表达发卡序列，另外，它还表达一个由CMV启动子控制的GFP蛋白。从GenBank查阅MyD88基因的mRNA全长序列，然后提交到shRNA设计网站（http://www.ambion.com），寻找符合特征的靶序列。每一个克隆入载体的寡核苷酸链均包括靶序列及其反向重复序列，二者中间由一个茎环结构(5′-TTCAAGAGA-3′)隔开。寡核苷酸链由南京金唯智生物科技有限公司合成。MyD88shRNA序列如下。

MyD88shRNA #1

Sense strand

5′-gatcccGGTGTCGCCGCATGGTGGTttcaagagaACCACCATGCGGCGACACCtttttttccaaa-3′；

Antisense strand

5′-agcttttggaaaaaaGGTGTCGCCGCATGGTGGTtctcttgaaACCACCATGCGGCGACACCgg-3′ (antisense)。

MyD88 shRNA#2

Sense strand

5′-gatcccGCGACTGATTCCTATTAAATAttcaagagaTATTTAATAGGAATCAGTCGCtttttttccaaa-3′；

Antisense strand

5′-agcttttggaaaaaaGCGACTGATTCCTATTAAATAtctcttgaaTATTTAATAGGAATCAGTCGCgg-3′ (antisense)。

MyD88 shRNA#3

Sense strand

5′ -gatcccGCAACCTGGGTCAAGTGTAttcaagagaTACACTTGACCCAGGTTGCtttttttccaaa-3′ ;

Antisense strand

5′ -agcttttggaaaaaaGCAACCTGGGTCAAGTGTAtctcttgaaTACACTTGACCCAGGTTGCgg-3′ (antisense)。

用蒸馏水溶解各组寡核苷酸链，按照表1-3所示体系进行退火反应。

表 1-3　反应体系

10×M Buffer	1 μL
sense strand（100 μmol/L）	3 μL
antisense strand（100 μmol/L）	3 μL
ddH_2O	3 μL
Total	10 μL

退火反应条件：

94 ℃，3 min ；

50 ℃，30 min ；

4 ℃，5 min。

形成的双链DNA序列通过*Bam*HⅠ-*Hind*Ⅲ酶切位点克隆到pRNAT-U6.1/Hygro表达载体上，得到针对MyD88基因的shRNA表达载体，测序正确后用于转染。

（九）免疫共沉淀实验

本实验所采用的免疫共沉淀实验严格按照Pierce交联免疫沉淀试剂盒的标准流程操作，具体的操作步骤如下。

1. 试剂盒中包含的成分

Pierce Protein A/G Plus Agarose（Pierce Protein A/G Plus 琼脂糖珠），20× Coupling Buffer（20× 耦合缓冲液），DSS (disuccinimidyl suberate，双琥珀酰亚胺辛二酸酯)，IP Lysis/Wash Buffer（IP裂解/洗涤缓冲液），100×Conditioning Buffer（100×条件缓冲液），20×Tris-Buffered Saline（20×Tris缓冲液），Elution Buffer（洗脱缓冲液），5×Lane Marker Sample Buffer（5×样品缓冲液），Pierce Spin Columns-Screw Cap（Pierce离心柱-螺丝帽），Microcentrifuge Collection Tubes（离心收集管），Microcentrifuge Sample Tubes（离心样品管），Pierce Control Agarose Resin（Pierce对照琼脂糖树脂）。

2. 实验步骤

（1）抗体偶联

用ddH_2O将20×耦合缓冲液稀释成1×耦合缓冲液，每个反应需要2 mL 1×耦合缓冲液，按照反应的个数制备足够的1×耦合缓冲液。轻轻旋转Pierce Protein A/G Plus琼脂糖珠小管，得到均匀的悬浊液。吸取20 μL的悬浊液（protein A/G琼脂糖珠）加入Pierce离心柱中，再把离心柱放入EP管中，1 000×g（3 200 r/min）离心1 min，弃去液体。用200 μL的1×耦合缓冲液洗涤Pierce Protein A/G琼脂糖珠，1 000×g离心1 min，弃去液体，重复一次。在滤纸上轻轻敲击离心柱的底部，除去多余的液体，然后插入底塞。每个反应需要10 μg抗体，用1×耦合缓冲液稀释抗体，使抗体与耦合缓冲液的总体积为100 μL。将抗体稀释液加入离心柱内，盖上离心柱的螺丝帽。在混合器上室温旋转孵育1 h，在孵育过程中要确保Pierce Protein A/G琼脂糖珠处于悬浮状态。将离心柱的螺帽和底塞拿去，并放入EP管中，1 000×g离心1 min。保留液体以确保抗体偶联成功。先用100 μL 1×耦合缓冲液洗涤沉淀，弃去液体。再用300 μL 1×耦合缓冲液洗涤沉淀2次，弃去滤液。

（2）结合抗体的交联

刺破DSS包装小管的锡箔纸，加入217 μL DMSO，充分混匀，使DSS全部溶解，得到25 mmol/L的DSS溶液。用DMSO 10倍稀释DSS溶液，制备成2.5 mmol/L的DSS溶液。在滤纸上轻轻敲击离心柱的底部，除去多余的液体，然后插入底塞。在离心柱内加入2.5 μL 20×耦合缓冲液、9 μL 2.5 mmol/L DSS和38.5 μL超纯水，使总体积为50 μL。在混合器上室温孵育30 min至1 h，确保混合液处于悬浮状态。将离心柱的螺帽和底塞拿掉，并将离心柱放入EP管中，1 000×g离心1 min。用50 μL洗脱缓冲液洗涤离心柱，1 000×g离心1 min，保留滤液。用100 μL的洗脱缓冲液洗涤沉淀，并重复一次，以除去未交联的抗体并结束交联反应。用200 μL冰浴的IP裂解/洗涤缓冲液洗涤沉淀，1 000×g离心1 min，重复一次。进行下一步的免疫沉淀反应。

（3）细胞裂解产物的制备

从培养箱中取出6孔板培养的细胞，弃去培养基，用1×耦合缓冲液洗涤细胞。每孔中加入200~400 μL冰浴的裂解/洗涤缓冲液，冰上孵育5 min，其间周期性地摇动细胞板使细胞充分裂解。将细胞裂解产物转移到离心管中，13 000×g离心10 min，使细胞碎片成为球状，将上清转移到EP管中，检测蛋白浓度。把总裂解产物的20%留存，以做Input实验。剩余的裂解产物用于下一步的免疫共沉淀反应。

（4）抗原的免疫共沉淀

为了减少非特异性结合，用Pierce对照琼脂糖树脂预处理细胞裂解产物。预处理后用裂解/洗涤缓冲液稀释细胞裂解产物，使其体积在300 ~ 600 μL范围内。每个反应所需的蛋白约为800 μg。将稀释好的细胞裂解产物加入抗体交联后的离心柱内。盖上螺帽，室温旋转孵育1 ~ 2 h或4 ℃旋转孵育过夜。拿掉螺帽和底塞，将离心柱放入EP管中，1 000×g离心1 min，收集滤液。拿掉螺帽，放入一个新的EP管中，在离心管中加入200 μL裂解/洗涤缓冲液，1 000×g离心1 min。用200 μL的裂解/洗涤缓冲液洗涤样本2次并离心。用100 μL 1×条件缓冲液洗涤样本1次，离心。

（5）抗原的洗脱

把离心柱放入一个新的EP管中，加入10 μL的洗脱缓冲液，离心。再次加入50 μL的洗脱缓冲液，室温孵育5 min，离心柱不需要盖上盖子或混合。离心，收集滤液。按照需要的浓度,可以减少洗脱液的用量。

（6）Pierce Protein A/G Plus琼脂糖珠的再生和储藏

在离心柱中加入100 μL 1×条件缓冲液,1 000×g离心1 min,弃液体,并重复1次。塞上离心柱的底塞,加入200 μL的1×耦合缓冲液,盖上螺帽。用封口膜包裹离心柱底端,防止干燥。如果保存时间多于两周,需要在1×耦合缓冲液中加入0.02%的叠氮钠。

（7）样品的SDS-PAGE分析

将5×样品缓冲液在室温颠倒混匀5~10次后加入抗原洗脱液中制备1×样品,95~100 ℃加热5 min,冷却至室温。之后进行SDS-PAGE电泳分析。SDS-PAGE电泳分析方法同（五）3。

（十）MTT分析

将P19细胞与UC-MSC接种于96孔板中,密度为1×10^4个/孔,放于细胞培养箱中培养24 h。实验组中加入不同浓度的EPMC,对照组中加入相应量的DMSO,放回培养箱中培养48 h。每孔中加入20 μL MTT溶液,继续培养4 h。取出培养板,弃去培养基,每孔中加入150 μL的DMSO,在振荡器中振荡10 min。待结晶物完全溶解后,用酶标仪在570 nm波长下检测各孔的光吸收值。

（十一）裸鼠荷瘤实验

用DMSO与EPMC（5 μg/mL）分别处理P19细胞10 d。用0.25%胰蛋白酶消化细胞,然后用DMEM培养基（含10%血清）重悬细胞。5 000 r/min离心5 min,弃去培养基,用PBS重悬细胞。5 000 r/min离心5 min,用适量的PBS重悬细胞,使细胞的密度为5×10^7个/mL。用1 mL的注射器把细胞接种到裸鼠的背部皮下,每只小鼠注射200 μL细胞。将裸鼠饲养于SPF级动物室。3周后处死小鼠,将形成的畸胎瘤取出。

（十二）畸胎瘤组织的HE染色

（1）固定：将畸胎瘤放入福尔马林溶液（10%）中固定24 h。

（2）脱水：将畸胎瘤放入梯度酒精中[70%（2 h）、80%（1 h）、95%（3 h）、无水乙醇（6 h）]处理12 h。

（3）透明：将畸胎瘤放入二甲苯中浸泡2 h。

（4）浸蜡：将畸胎瘤放入65 ℃石蜡中浸泡4 h。

（5）包埋：将畸胎瘤放入自动包埋机中进行包制。

（6）石蜡切片：用切片机把包埋好的蜡块切成薄片（5 ~ 8 μm），再贴于载玻片上。

（7）脱蜡：用二甲苯脱蜡15 min，梯度酒精（无水乙醇、95%酒精、85%酒精）清洗二甲苯，各清洗1 min。

（8）苏木精染色：浸染10 min，之后用水清洗。

（9）分化、返蓝：0.5%盐酸水分化3 ~ 5 s、自来水清洗、饱和碳酸锂蓝化片刻。自来水冲洗10 min。

（10）伊红染色：1% 醇溶性伊红浸染20 s至2 min。

（11）脱水、透明、封片：85%的酒精脱水20 s，95%的酒精处理1 min，无水酒精染1~2 min，无水酒精染2 min，二甲苯浸染2 min，二甲苯浸染2 min，中性树胶封片。

（十三）畸胎瘤组织的免疫荧光染色

（1）包埋：将OCT包埋剂滴加到畸胎瘤表面，包埋15 min，然后放入 –80 ℃冰箱进行保存。

（2）切片：用冷冻切片机把包埋好的组织切成薄片（7 ~ 10 μm），再贴于载玻片上，放在 –20 ℃冰箱进行保存。

（3）前期处理：把冰冻切片拿出后室温放置30 min，使切片的温度与室温相同。用组化笔把组织圈起来，把片子放回湿盒中，20 min。

（4）清洗OCT：把切片放入自来水中，20 min至1 h，中间换一次水。然后把切片放入PBS中洗10 min。

（5）打孔：把片子浸泡在0.1% Triton X-100（PBS稀释）中，45 min。然后弃去Triton X-100，用PBS洗3次，每次5 min。

（6）封闭：用10% BSA（或者10%胎牛血清）进行封闭，室温

1 h。

（7）第一抗体孵育：封闭后直接进行抗体孵育。用0.01% Triton X-100与2% BSA稀释抗体，稀释倍数为1/100。将第一抗体滴加到组织上，湿盒中4 ℃过夜。阴性对照组不进行抗体孵育（用PBS代替抗体），其他处理与实验组一致。

（8）洗一抗：将湿盒取出，室温平衡温度，30 min。然后用PBS洗3次，每次5 min。

（9）第二抗体孵育：用0.01% Triton X-100与2% BSA稀释抗体，稀释倍数为1/400。在暗室中，将第二抗体滴加在组织上，室温放置1 h。

（10）洗二抗：在暗室中，用PBS洗2次，每次5 min。

（11）封片：在暗室中，将封片剂滴加在组织上，盖上盖玻片。

（12）在荧光显微镜下进行拍照。

（十四）统计学分析

采用卡方检验来分析实验数据，$P<0.05$表示统计学意义差异显著，$P<0.01$表示统计学意义差异非常显著，所有实验至少重复3次。

第三节　实验结果

一、增强*Oct4*启动子活性的天然小分子化合物的筛选

首先，我们在P19细胞中转染了由*Oct4*基因启动子驱动的荧光素酶报告载体pGL3-Oct4p。然后，我们利用这一报告基因筛选模型对209个天然小分子化合物进行了初步筛选。结果如图1-3A所示，6种化合物可以显著增强*Oct4*基因启动子的活性。

由于上述实验为初步筛选，存在实验误差，因此需要对初筛得到的6种化合物（SA5、SA28、SA79、SA95、SA129和SA138）的活性进行验证。在P19细胞中分别转入目的质粒（pGL3-basic或pGL3-Oct4p）和参照质粒（β-gal），再分别加入终浓度为5 μg/mL的SA5、SA28、SA79、SA95、SA129和SA138，24 h后裂解细胞，进行荧光素酶和β-半乳糖苷酶活性检测。结果如图1-3B所示，只有SA79（EPMC）能显著增强*Oct*4启动子的活性（$P<0.05$），其他5种化合物则无明显增强效果。接下来，我们检测了不同浓度的EPMC对*Oct*4启动子活性的影响。结果如图1-3C所示，在15 μg/mL范围内，EPMC能够显著增强*Oct*4启动子的活性。

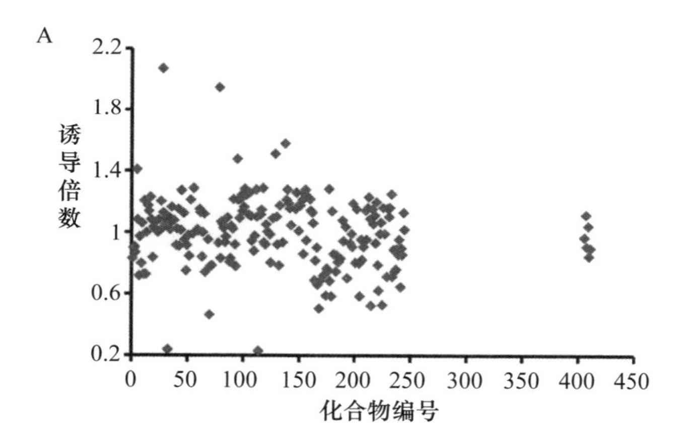

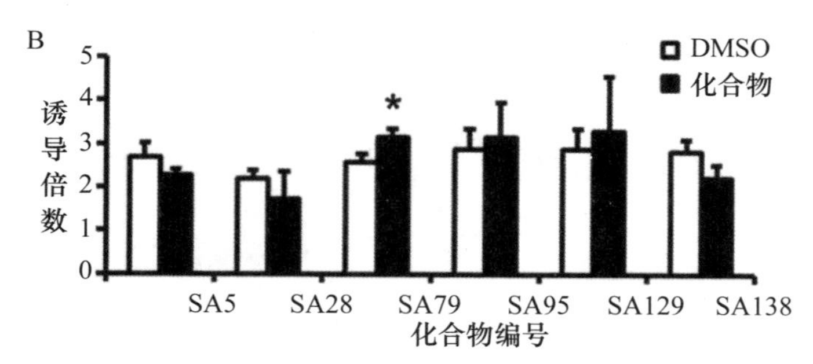

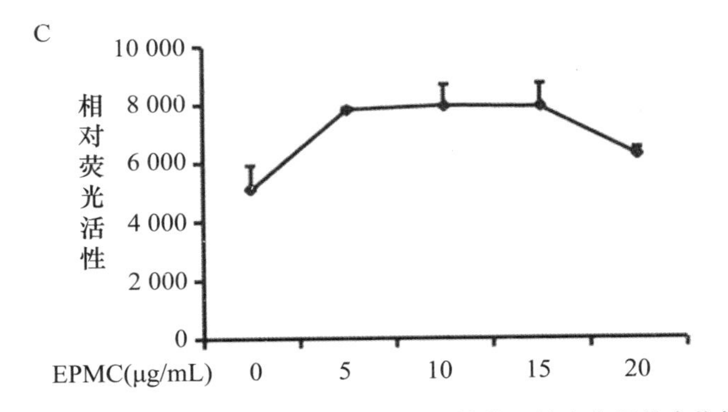

图 1–3　增强 *Oct*4 启动子活性的天然小分子化合物的筛选

Figure 1-3　Screening of natural small-molecule compounds capable of enhancing *Oct*4 promoter activity

A. 增强*Oct*4启动子活性的化合物的初步筛选；B. 增强*Oct*4启动子活性的化合物的复筛；C. 不同浓度的EPMC对*Oct*4启动子活性的影响。

二、EPMC 对 *Oct*4 表达的影响

EPMC能够增强*Oct*4启动子活性，说明它具有促进*Oct*4表达的潜力。因此，我们在P19细胞中检测了EPMC对*Oct*4基因mRNA和蛋白表达的影响。结果如图1-4A、图1-4B所示，经EPMC作用12 h后*Oct*4基因的mRNA表达量显著增加，经EPMC作用24 h后，*Oct*4蛋白表达量也显著升高。说明EPMC能够显著促进*Oct*4的表达。

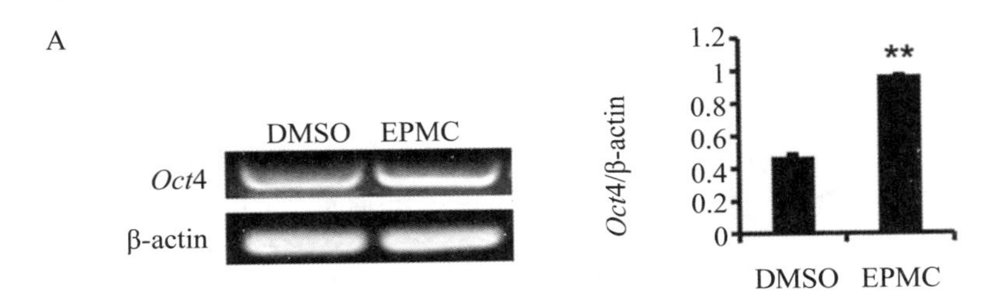

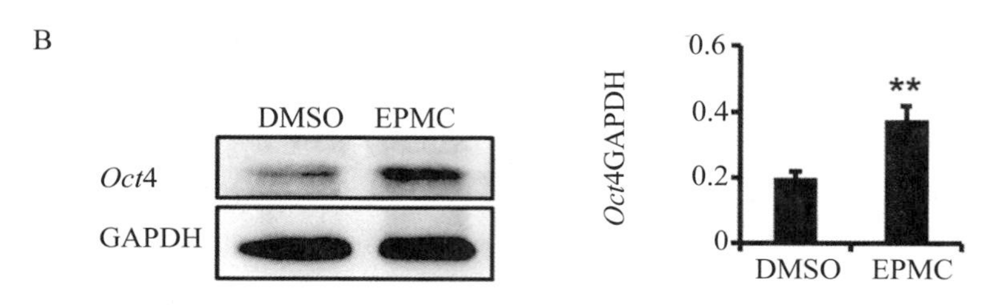

图 1–4 EPMC 对 *Oct*4 表达的影响

Figure 1-4 The effect of EPMC on *Oct*4 expression

A. EPMC对*Oct*4基因mRNA表达的影响；B. EPMC对*Oct*4基因蛋白表达的影响。

三、EPMC对干细胞自我更新能力及多潜能性的影响

干细胞最重要的特征是具有自我更新能力和多潜能性。我们前面的结果已经证明，EPMC能够促进*Oct*4的表达，而*Oct*4是非常重要的干细胞标志物，因此，我们检测了EPMC对干细胞自我更新能力及多潜能性的影响。

（一）EPMC对P19细胞自我更新能力的影响

干细胞的克隆形成能力是检测其自我更新能力的主要方法[81,82]，所以我们检测了EPMC对P19细胞克隆形成的影响。首先，我们利用软琼脂法检测了EPMC对P19细胞克隆形成的影响。结果如图1-5A所示，与对照组（DMSO）相比，经EPMC处理后，细胞能够形成更多更大的克隆。之后我们利用平板法检测了EPMC对P19细胞克隆形成的影响。结果如图1-5B所示，经EPMC处理后，细胞能够形成球形、致密、边缘整齐的典型克隆，而对照组则不能形成典型的克隆。以上结果说明，EPMC能够显著促进P19细胞的克隆形成。

因为促进细胞增殖也可以表现为克隆形成增多，为了排除EPMC是通过促进细胞增殖来促进克隆形成的，我们用MTT

法检测了EPMC对P19细胞增殖的影响。结果如图1-5C所示，EPMC对P19细胞的增殖无明显影响，说明EPMC促进P19细胞的克隆形成主要是通过增强细胞的自我更新能力来实现的。以上结果证明，EPMC能够增强P19细胞的自我更新能力。

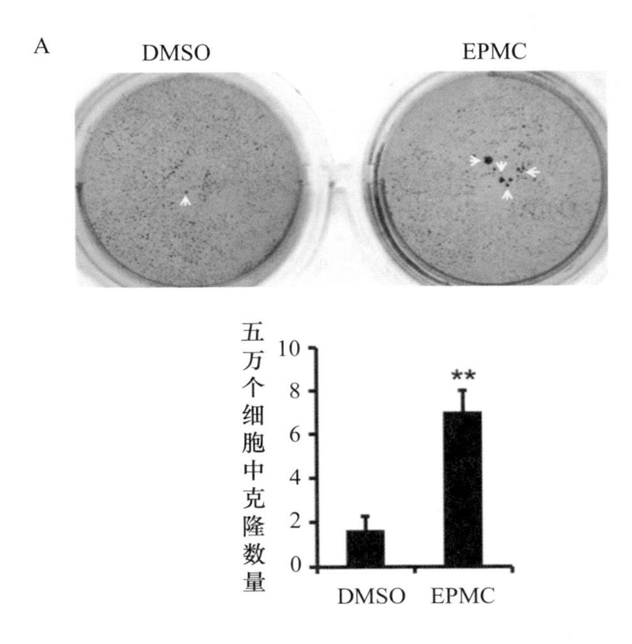

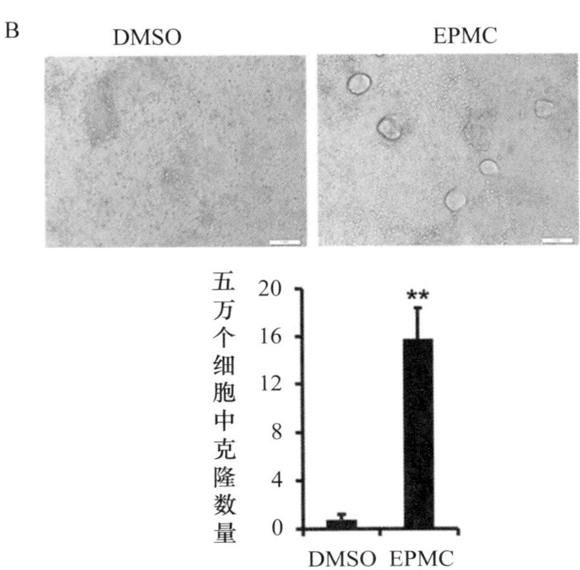

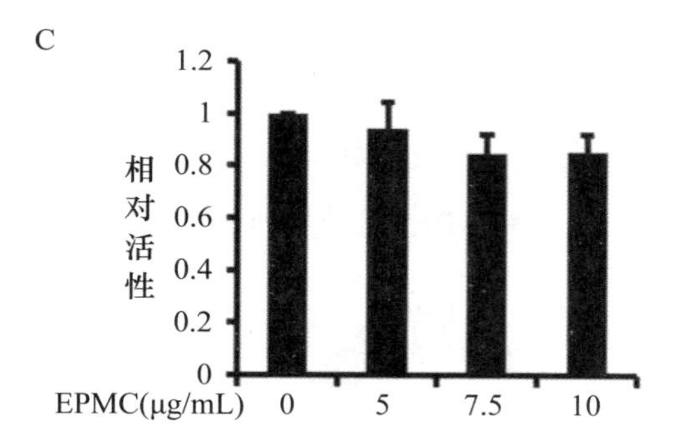

图 1-5　EPMC 对 P19 细胞自我更新能力的影响

Figure 1-5　The effect of EPMC on the self-renewal of P19 cells

A. 软琼脂法检测EPMC对P19细胞克隆形成的影响；B. 平板法检测EPMC对P19细胞克隆形成的影响；C. EPMC对P19细胞增殖的影响。

（二）EPMC 对 P19 细胞多潜能性的影响

1. EPMC对P19细胞克隆中多潜能标志物表达的影响

除了自我更新能力以外，干细胞的另一个特征是具有多潜能性，因此，我们在P19细胞中分别用免疫印迹和免疫荧光方法检测了经EPMC处理后所形成的克隆中多潜能标志物的表达。结果如图1-6A和图1-6B所示，与DMSO处理组相比，经EPMC诱导所形成的细胞克隆中多潜能标志物*Oct*4、*Sox*2与*Nanog*的表达明显增高。以上结果初步证明，EPMC能够增强P19细胞的多潜能性。

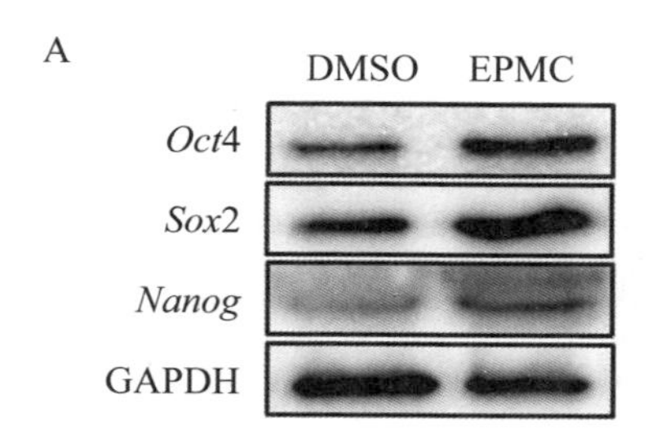

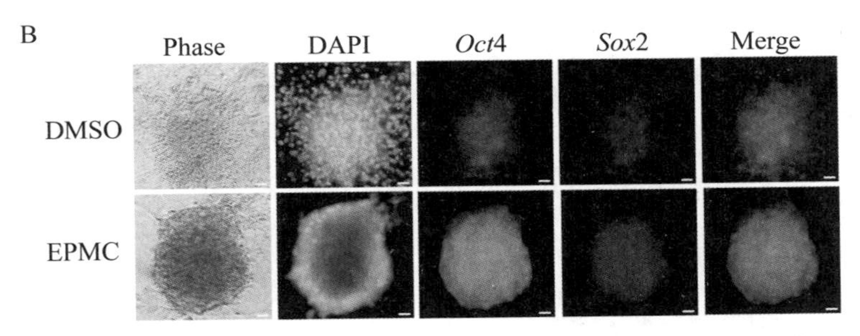

图 1–6　EPMC 对 P19 细胞克隆中多潜能标志物表达的影响

Figure 1-6　The effect of EPMC on the pluripotency marker expression in the colonies of P19 cells

A. EPMC对P19细胞所形成的克隆中多潜能标志物*Oct*4、*Sox*2和*Nanog*表达的影响；B. EPMC对P19细胞所形成的克隆中多潜能标志物*Oct*4和*Sox*2表达的影响。

2. EPMC对P19细胞畸胎瘤分化的影响

EPMC能够促进P19细胞中干性因子*Oct*4、*Sox*2与*Nanog*的表达，初步证明了EPMC能够增强细胞的多潜能性，为了进一步确认这一结论，我们用裸鼠畸胎瘤形成实验检测了EPMC对细胞多潜能性的影响。以往的研究表明，畸胎瘤向内、中、外三胚层分化的程度越高，形成畸胎瘤的细胞的多潜能性越强[82,83]。我们用DMSO与EPMC分别处理P19细胞10 d，然后将处理后的细胞注射到裸鼠皮下，使之形成畸胎瘤。3周后，将畸胎瘤取出。如图1-7A和图1-7B所示，EPMC处理后的P19细胞能够形成更多更大的畸胎瘤，说明EPMC能够显著提高P19细胞形成畸胎瘤的能力。之后，我们同HE染色方法检测了畸胎瘤的分化情况，如图1-7C所示，EPMC处理的P19细胞所形成的畸胎瘤具有典型的肠样组织（内胚层）、脂肪组织（中胚层）与神经组织（外胚层），而对照组的畸胎瘤只具有典型的脂肪组织（中胚层），说明EPMC能够增强P19细胞畸胎瘤的分化能力。免疫荧光与免疫印迹结果显示，EPMC处理的P19细胞所形成的畸胎瘤中，内胚层标志物AFP （alpha fetoprotein）、中胚层标志物GATA4和cTnT（cardiac troponin T）、外胚层标志物Tuj1（class Ⅲ beta-tubulin）的表达都显著高于对照组的畸胎瘤（图1-7 D—H）。以上结果说明，EPMC能够显著增强P19细胞的多潜能性。

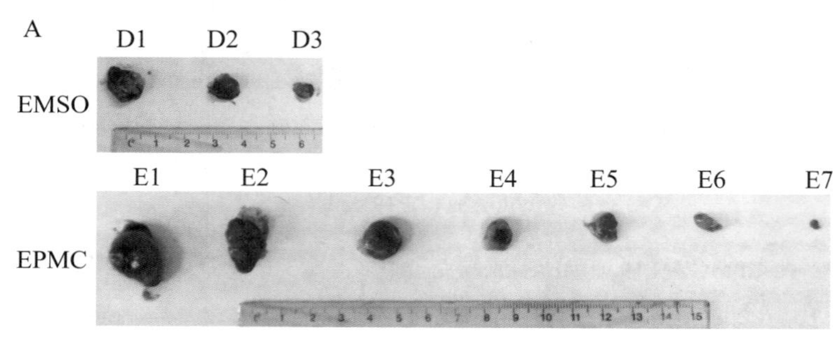

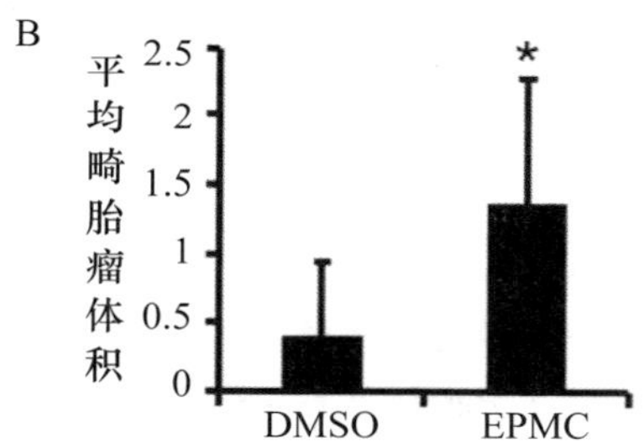

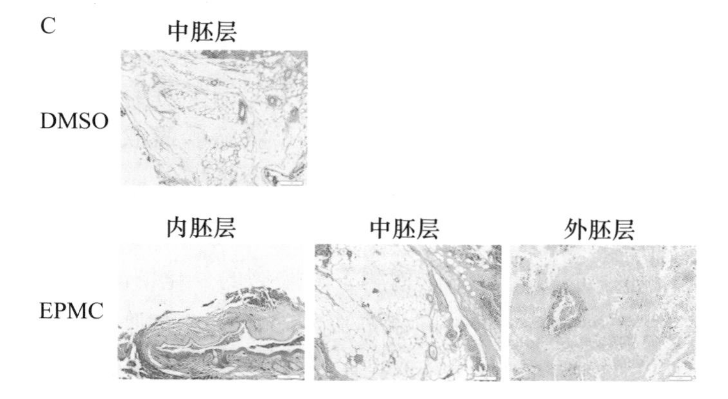

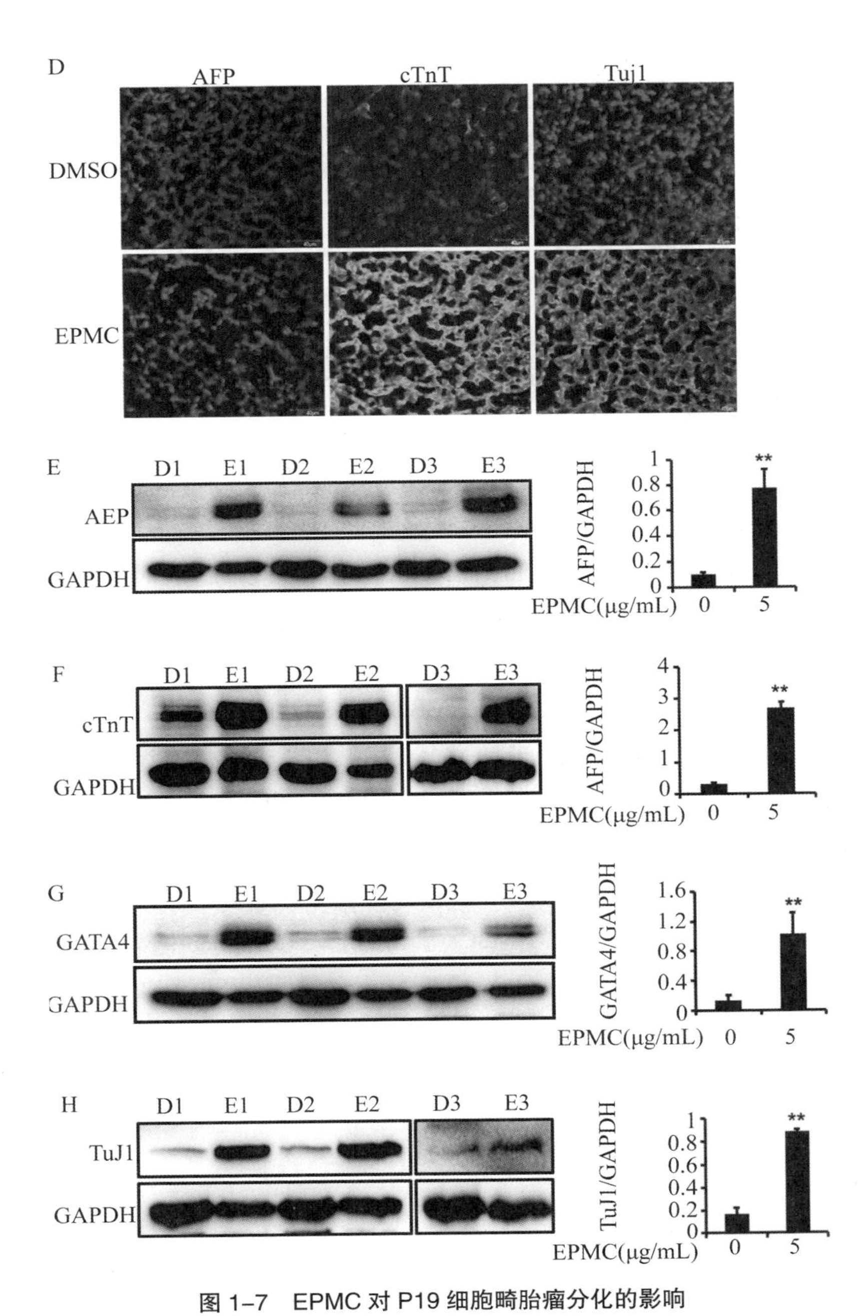

图 1–7　EPMC 对 P19 细胞畸胎瘤分化的影响

Figure 1-7　The effect of EPMC on the differentiation of the teratomas of P19 cells

A—B. EPMC对P19细胞形成畸胎瘤能力的影响；C. EPMC对P19细胞畸胎瘤形成内、中、外三胚层结构的影响；D. 组织免疫荧光方法检测EPMC对P19细胞所形成的畸胎瘤中内胚层标志物AFP、中胚层标志物cTnT、外胚层标志物Tuj1表达的影响；E—H. 免疫印迹方法检测EPMC对P19细胞所形成的畸胎瘤中内胚层标志物AFP、中胚层标志物GATA4和cTnT、外胚层标志物Tuj1表达的影响。

（三）EPMC对UC-MSC自我更新能力及多潜能标志物表达的影响

我们的结果已经证明，EPMC能够促进P19细胞的自我更新能力，并维持其多潜能性。那么，EPMC的作用是否具有普遍性？其对人类干细胞是否具有同样的作用？为此，我们检测了EPMC对UC-MSC克隆形成的影响。结果如图1-8A和图1-8B所示，EPMC能够显著促进UC-MSC的克隆形成。与在P19细胞中观察到结果一致，EPMC对UC-MSC的增殖也基本没有影响（见图1-8C），说明EPMC促进UC-MSC克隆形成也不是通过促进细胞增殖实现的，而是通过增强细胞的自我更新能力实现的。以上结果证明，EPMC能够增强UC-MSC的自我更新能力。

接下来，我们检测了EPMC对UC-MSC多潜能性的影响。结果如图1-8D所示，在UC-MSCs中，经EPMC处理后形成的克隆高表达多潜能标志物*Oct*4、*Sox*2与*Nanog*，说明EPMC在增强UC-MSC的多潜能性中起到一定作用。

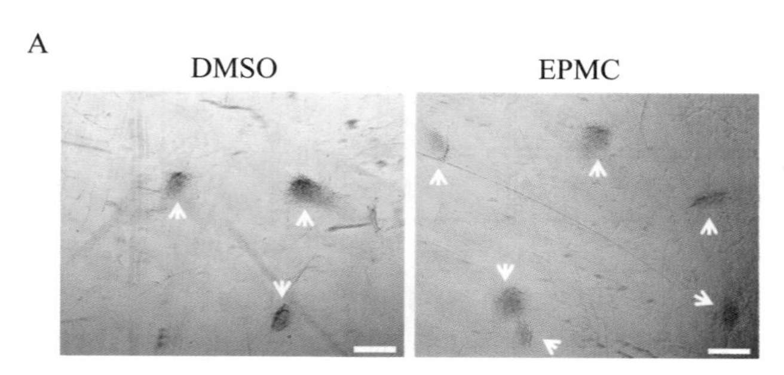

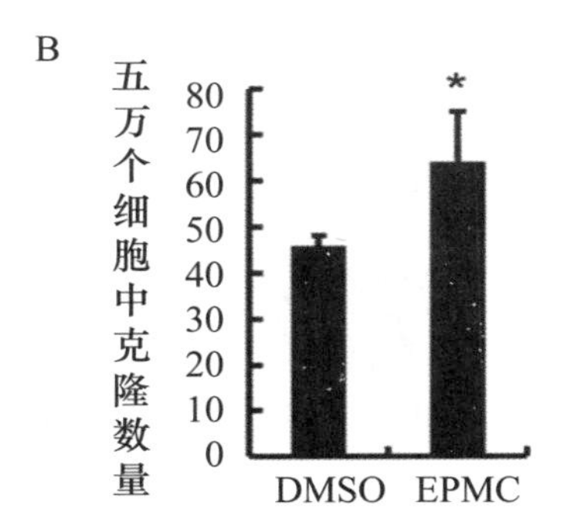

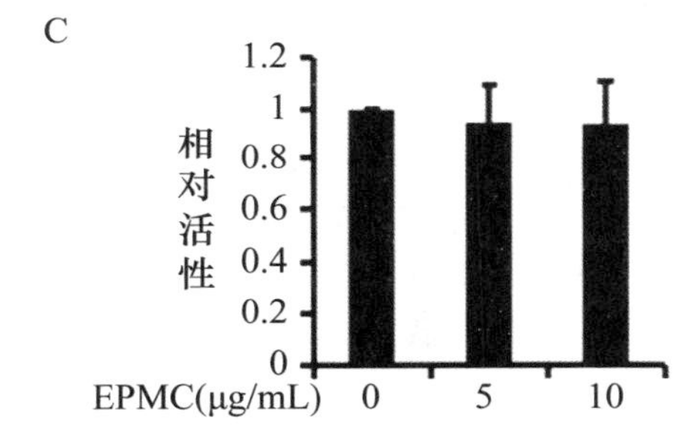

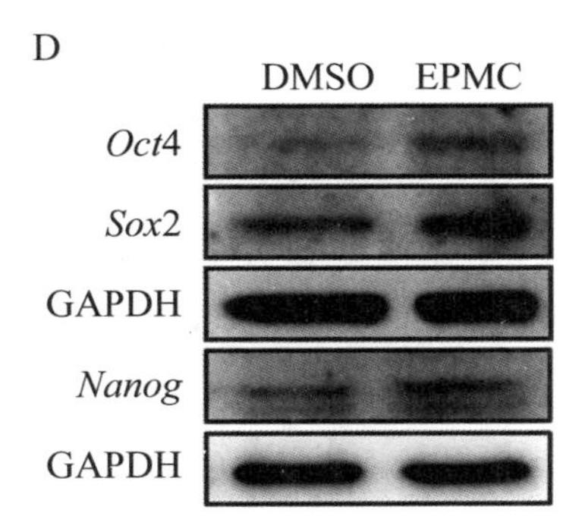

图 1-8　EPMC 对 UC-MSC 自我更新能力及多潜能标志物表达的影响

Figure 1-8　The effects of EPMC on the self-renewal and the expression of pluripotent markers in UC-MSCs

A—B. EPMC 对 UC-MSC 克隆形成的影响；C. EPMC 对 UC-MSC 增殖的影响；D. EPMC 对 UC-MSC 所形成的克隆中多潜能标志物表达的影响。

四、EPMC 促进 *Oct*4 表达的机制研究

（一）EPMC 对 NF-κB 信号通路的影响

为了阐明EPMC促进*Oct*4表达，进而增强细胞自我更新能力和多潜能性的机制，我们把9种信号通路的转录因子应答性荧光素酶报告载体转染到P19细胞中来分析可能介导了EPMC促进*Oct*4表达的信号通路。结果发现，EPMC能够显著增强pNF-κB-luc的活性，而对其他报告基因的活性基本没有影响（见图1-9A）。此结果提示我们EPMC可能激活了NF-κB信号通路。

一般而言，在没有外界刺激的情况下，NF-κB与其抑制蛋白IκB结合，形成无活性的复合物，存在于细胞质中。当细胞受到刺激时，IκB蛋白激酶（IκB kinase，IKK）被磷酸化，活化的IKK使IκB磷酸化。磷酸化的IκB继而被泛素化，并被降解，随后NF-κB得到释放进入细胞核，调节相关基因的表达[67,70]。为了验证EPMC能否激活NF-κB信号通路，我们分别用EPMC处理P19细胞不同时间，然后通过免疫印迹法分析细胞中IKK和IκB的磷酸化水平（p-IKK和p-IκB）、IκB的降解以及p65和p50的入核情况。结果如图1-9B所示，在EPMC处理15 min和30 min时，p-IKK和p-IκB的水平显著升高，IκB水平降低，p65和p50的入核显著增加。以上结果说明，EPMC能够明显激活NF-κB信号通路。

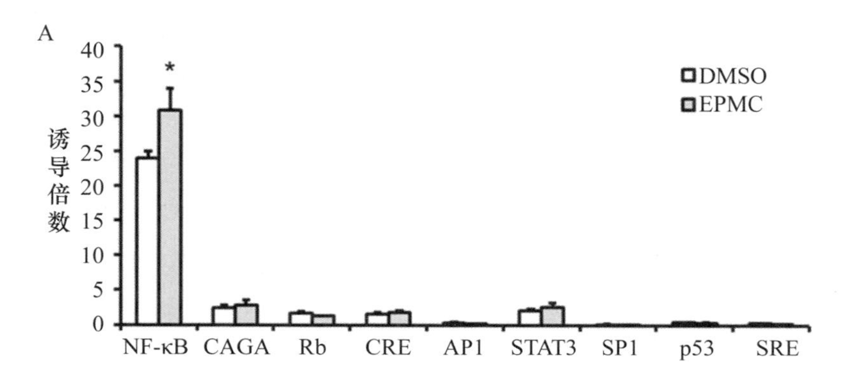

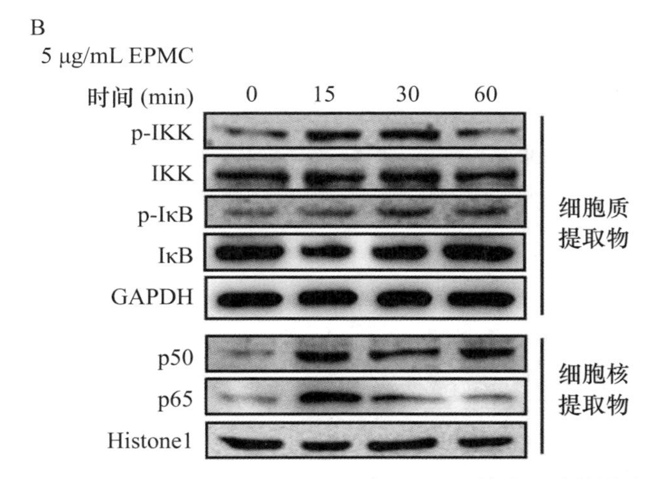

图 1–9 EPMC 对 NF–κB 信号通路的影响

Figure 1-9 The effect of EPMC on NF-κB signaling pathway

A. EPMC对各信号通路转录因子活性的影响；B. EPMC对IKK磷酸化水平、IκB磷酸化水平、IκB降解、p50入核和p65入核的影响。

（二）NF–κB 信号通路在 EPMC 促进 *Oct*4 表达过程中的作用

前面的结果已经证明，EPMC能够促进*Oct*4表达，并且能够激活NF-κB信号通路。因此，我们推测EPMC可能是通过激活NF-κB信号通路来促进*Oct*4表达的。为了验证这一设想，我们首先利用NF-κB信号通路抑制剂PDTC[84]来阻断NF-κB信号通路，然后检测了EPMC对*Oct*4表达的影响。结果如图1-10A所示，PDTC有效地抑制了EPMC诱导的*Oct*4表达上调。此结果提示，EPMC是通过激活NF-κB信号通路来促进*Oct*4表达的。为了进一步验证这一结论，我们又利用p65shRNA干涉p65的表达，进而阻断NF-κB信号通路，之后检测了EPMC对*Oct*4表达的影响。结果如图1-10B所示，干涉p65表达后，EPMC促进*Oct*4表达的作用被明显抑制。以上结果说明，NF-κB信号通路对于EPMC诱导的*Oct*4表达上调是必需的，EPMC促进*Oct*4表达至少部分是通过激活NF-κB信号通路来实现的。

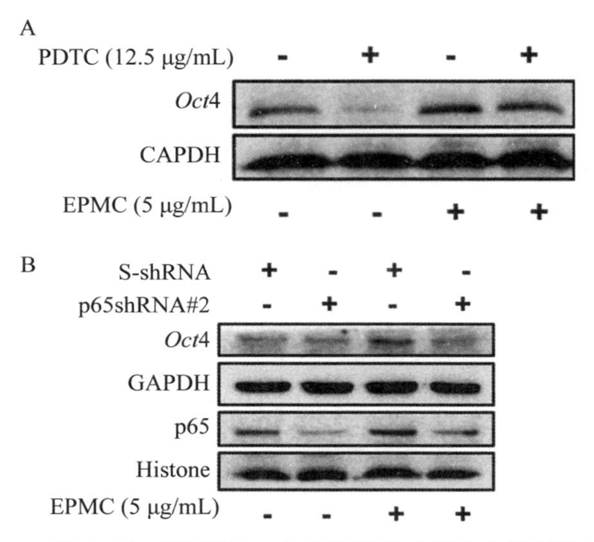

图 1–10 抑制 NF–κB 信号通路对 EPMC 诱导的 *Oct*4 表达的影响

Figure 1-10 The effect of EPMC on *Oct*4 expression with inhibition of NF-κB signaling pathway

A. PDTC阻断NF-κB信号通路后EPMC对*Oct*4表达的影响; B. p65shRNA干涉p65的表达后EPMC对*Oct*4表达的影响。

(三) EPMC对NF-κB信号通路上游信号的影响

1. EPMC对TRAF6活性的影响

既然EPMC可以激活NF-κB信号,那么它是如何激活NF-κB信号的呢?为此我们探讨了NF-κB上游信号。以往的研究表明,肿瘤坏死因子受体相关因子6(TNF receptor associated factor 6,TRAF6)是介导NF-κB信号转导的一个关键衔接蛋白[68]。TRAF6接受刺激信号后被泛素化激活,激活的TRAF6使IKK磷酸化,进而激活NF-κB信号通路[85]。那么,EPMC是否是通过激活TRAF6来激活NF-κB信号的呢?为此我们用免疫共沉淀方法检测了EPMC对TRAF6泛素化的影响。结果如图1-11所示,EPMC作用于P19细胞15 min时,TRAF6的泛素化水平显著升高,说明EPMC能够明显激活TRAF6。

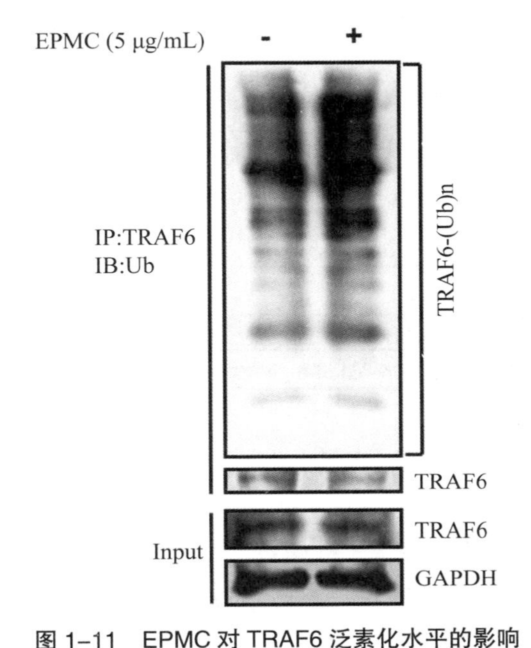

图 1–11　EPMC 对 TRAF6 泛素化水平的影响

Figure 1-11　The effect of EPMC on the ubiquitination level of TRAF6

2. MyD88 在 EPMC 激活 NF-κB 信号通路中的作用

我们已经证明，EPMC 可以激活 TRAF6，那么，EPMC 是怎样激活 TRAF6 的呢？为此，我们进一步解析了其上游信号。以往的研究表明，肿瘤坏死因子受体（TNFR）信号和 MyD88（myeloid differentiation factor 88）依赖的 Toll 样受体/白介素 1 受体（TLR/IL-1R）信号都可以激活 TRAF6，进而激活 NF-κB 信号通路[86,87]。为了确定 EPMC 是通过哪种信号来激活 TRAF6/IKK 的，我们构建了 MyD88 的干涉载体 MyD88shRNA，并对其干涉活性进行了检测。结果如图 1-12A 所示，MyD88shRNA 能够有效地干涉 MyD88 的表达。之后我们在 P19 细胞中转入 MyD88shRNA 载体，并观察敲低 MyD88 的表达后 EPMC 对 IKK 磷酸化水平的影响。结果如图 1-12B 所示，敲低 MyD88 后有效地抑制了 EPMC 对 p-IKK 的诱导作用，说明 EPMC 可能是通过激活 MyD88 依赖的 TLR/IL-1R 信号来激活 IKK 的。最后，我们检测了干涉 MyD88 后对

*Oct*4表达的影响。结果如图1-12C所示，敲低MyD88后，逆转了EPMC对*Oct*4表达的诱导作用。以上结果提示，EPMC通过激活MyD88依赖的信号激活NF-κB信号通路，进而上调*Oct*4的表达（见图1-12D）。

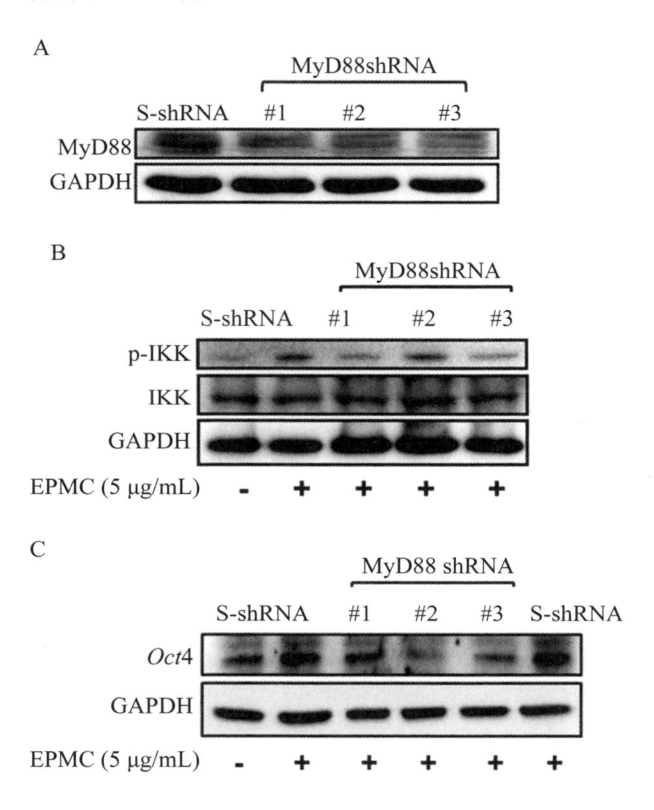

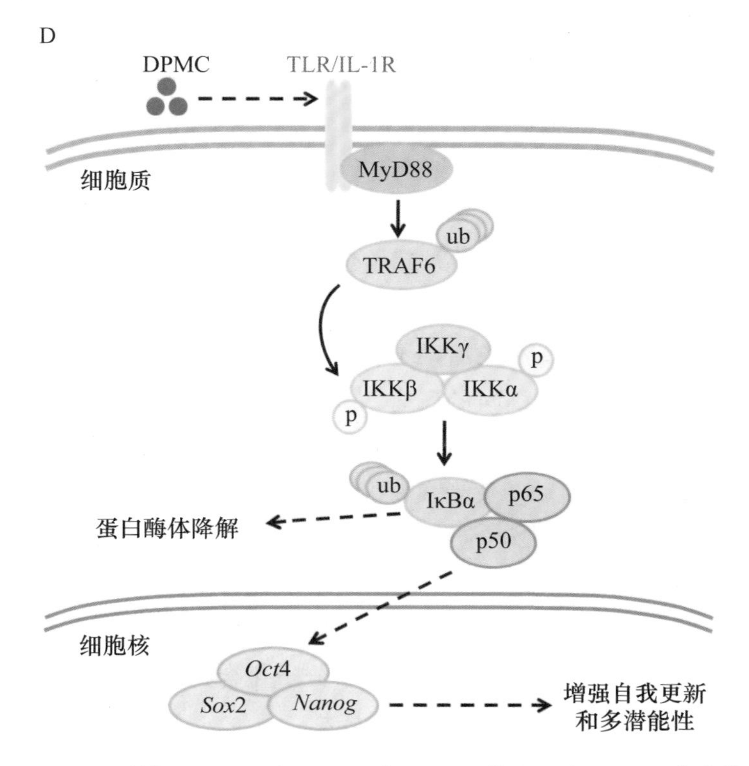

图 1–12　敲低 MyD88 后 EPMC 对 NF– κ B 信号通路和 *Oct*4 表达的影响

Figure 1-12　The effects of EPMC on NF-κB signaling pathway and *Oct*4 expression with knockdown of MyD88

A. MyD88shRNA 对 MyD88 表达的影响; B. 干涉 MyD88 的表达后 EPMC 对 IKK 磷酸化水平的影响; C. 干涉 MyD88 的表达后 EPMC 对 *Oct*4 表达的影响; D. EPMC 促进 *Oct*4 表达的机制图解。

第四节　讨　论

干细胞在体外培养过程中倾向于自发分化,这一特性阻碍了干细胞的大量扩增及临床应用。近年来,小分子化合物在调节干细胞命运中的作用引起了广泛的关注[83,88,89]。*Oct*4 在多潜能性的维持和重建中都起到关键作用。最新的研究表明,在没有其他多潜能因子(*Sox*2、*Klf*4和*c-Myc*)的存在下,*Oct*4单独就可以诱导毛囊真皮乳头细胞重编程为iPSC[90]。基于这些研究背景,我们以*Oct*4为靶点筛选可促进干细胞自我更新,并能维持其多潜能性的天然小分子化合物。

*Oct*4基因启动子位于转录起始位点上游−2 601bp/-1bp区域内。此片段包含了四个保守区域CR1-4,这四个保守区域又包含了潜在的增强子和最小的启动子[91,92]。很多转录因子可以结合在*Oct*4启动子区调节*Oct*4的表达[93]。*Oct*4启动子对于*Oct*4的表达是必需的。所以我们钓取了*Oct*4基因的启动子(2 601 bp片段),构建了*Oct*4启动子荧光素酶报告载体来筛选促进*Oct*4表达的化合物。通过筛选209个化合物,我们发现EPMC能够明显增强*Oct*4启动子的活性。进一步的实验结果表明,EPMC在mRNA水平和蛋白水平都能够明显促进*Oct*4的表达。这些结果说明,EPMC是一种有效促进*Oct*4表达的小分子化合物。但是不能排除EPMC同时也调节了其他基因的表达。

干细胞具有两个重要的基本特征:自我更新能力和多潜能性。那么我们所筛选的化合物是否具有促进干细胞自我更新的能力?克隆形成实验是检测干细胞自我更新能力的常用方法,为此,我们检测了EPMC对干细胞克隆形成能力的影响。结果证明,EPMC能够有效地促进P19细胞和UC-MSC的克隆形成。因为克隆形成增多也可能是由于细胞增殖所引起的,所以,我们检测了EPMC对干细胞增殖的影响。结果表明,EPMC对P19细胞和UC-MSC的增殖能力并无明显影响。这些结果提示,EPMC促进P19细胞和UC-MSC的克隆形成是通过促进细胞自我更新能力来完成的。为了探讨EPMC对干细胞多潜能性的影响,我们检测了EPMC诱导形成的克隆中多潜能标志分子的表达。结果显示,与对照组相比,EPMC诱导形成的克隆中多潜能标志物*Oct*4、*Sox*2与*Nanog*的表达均明显增高。这些结果提示我们,EPMC在增强P19细胞和UC-MSC的多潜能性中发挥了一定的作用。为了证实此设想，我们用裸鼠畸胎瘤形成实验检测了EPMC对P19细胞多向分化潜能的影响。结果显示，EPMC处理后的P19细胞在裸鼠体内形成的畸胎瘤中，中胚层、内胚层及外胚层的标志分子表达均明显增强，说明EPMC能够显著增强P19细胞的多潜能性。但是EPMC能否增强UC-MSC的多潜能性需要进一步研究。

在干细胞中核心转录因子*Oct*4、*Sox*2和*Nanog*相互调节、相互制约构成了一个正反馈环，从而使其中任何一种转录因子的表达都处在合适的水平。为了维持未分化状态，三种转录因子的表达都受到严格调控，任何一种转录因子的表达过高或过低都会导致干细胞失去多潜能性，走向分化[94]。例如，*Oct*4的过多表达会使干细胞向中、内胚层分化，而*Sox*2的过多表达会使干细胞向外胚层分化[95,96]。“平衡多潜能状态”提示我们，*Oct*4与*Sox*2在谱系特异性决定时是相互制约的[82]。本研究的结果显示，EPMC在上调*Oct*4表达的同时也促进了*Sox*2的表达，从而避免了潜在的*Oct*4过多的表达。

为了探索EPMC促进*Oct*4表达和多潜能性的机制，我们把9种信号通路的转录因子荧光素酶报告载体转染到P19细胞里来分析可能介导了EPMC促进*Oct*4表达的信号通路。结果显示，EPMC能够显著促进NF-κB应答性转录活性。进一步的实验结果显示，EPMC能够显著促进IKK和IκB的磷酸化、IκB的降解以及p65和p50的入核，说明EPMC可以明显激活NF-κB信号通路。此外，阻断NF-κB信号通路逆转了EPMC诱导的*Oct*4表达的上调。这些结果说明，NF-κB信号通路对于EPMC促进*Oct*4表达是必需的。但是除了NF-κB信号通路外，还可能有其他的信号通路介导了EPMC诱导的*Oct*4表达上调，如Wnt信号通路、FGF信号通路、BMP信号通路等[4,97,98]。而且，NF-κB被激活后是如何调节*Oct*4表达的？这些问题尚需要进一步研究。

为了研究EPMC是如何激活NF-κB信号通路的，我们检测了其上游相关的信号。结果表明，EPMC可以激活TRAF6。以往的研究表明，TNFR信号和MyD88依赖的TLR/IL-1R信号都可以激活TRAF6进而激活NF-κB信号通路[85,86]。我们用MyD88shRNA敲低MyD88的表达后发现,EPMC诱导的IKK激活和*Oct*4表达上调被明显逆转。说明EPMC可能通过MyD88依赖的TLR/IL-1R信号激活NF-κB信号通路,进而促进*Oct*4的表达。但是,EPMC直接作用的靶点还需要进一步确定。MyD88依赖的TLR/IL-1R超家族包含众多成员,如TLR1、TLR2、TLR4、IL-1R1、IL-18R和ST2等[99,100]。EPMC通过哪一成员激活NF-κB信号通路目前正在进行进一步的研究。TLR/IL-1R信号通路在免疫应答中发挥重要作用[101]。最近的研究表明,MyD88非依赖的TLR3信号诱导的天然免疫是重编程所必需的[102]。所以,我们的研究结果在免疫应答与多潜能性以及重编程之间建立了新的联系。

综上所述,本研究突出了EPMC在促进*Oct*4表达和增强多潜能性中的作用。而且我们的研究发现,EPMC是通过激活NF-κB信号通路促进*Oct*4表达的。此外,我们的研究结果也表明,EPMC是通过MyD88依赖的信号激活NF-κB信号通路的。总之,本研究提供了一个能够增强自我更新能力和多潜能性的天然小分子化合物,并且机制研究为免疫应答在增强多潜能性中的作用提供了新的视角。

第五节　结　论

(1)利用*Oct*4启动子荧光素酶报告基因筛选系统,对209种天然小分子化合物进行筛选,发现EPMC能够显著增强*Oct*4启动子的活性,并且能够在mRNA水平和蛋白水平促进*Oct*4的表达。

(2)EPMC能够促进P19细胞的克隆形成能力,说明EPMC能够增强P19细胞的自我更新能力。

(3)EPMC诱导形成的P19细胞克隆高表达多潜能因子*Oct*4、*Sox*2与*Nanog*,并且EPMC能够提高P19细胞在体内形成畸胎瘤的能力，同时能增强P19细胞畸胎瘤的分化能力。

（4）EPMC能够增强人UC-MSC的自我更新能力及多潜能标志物*Oct*4、*Sox*2与*Nanog*的表达。

（5）EPMC通过MyD88依赖的信号激活NF-κB信号通路，进而促进*Oct*4的表达。

第二章　逆转细胞内质网应激的天然小分子化合物的筛选

持续剧烈的内质网应激能够导致组织损伤和多种疾病，如神经退行性疾病、恶性肿瘤和糖尿病等。因此，研发出能够缓解内质网应激的药物对相关疾病的治疗具有重要意义。天然产物具有良好的生物活性和生物适应性，已经成为药物研发的主要来源。以往的研究表明，*SelS*是内质网应激的理想标志物。在本研究中，我们构建了*SelS*启动子荧光素酶报告基因筛选系统，以期筛选出能够逆转内质网应激的天然化合物。

我们首先将*SelS*启动子驱动的荧光素酶报告载体pSelS-luc转染到HEK293T细胞中，对361种化合物进行了初步筛选。结果显示，54种化合物能够显著抑制*SelS*启动子的活性（倍数小于1，$P < 0.05$）。复筛结果显示，紫杉醇与25-OCH_3-PPD对*SelS*启动子活性的抑制作用最为明显（倍数分别为0.368与0.370，$P < 0.05$）。进一步的结果显示，在HepG2细胞和HEK293T细胞中，紫杉醇与25-OCH_3-PPD都可以显著抑制衣霉素引起的*SelS*表达上调。而且，紫杉醇与25-OCH_3-PPD可以显著抑制衣霉素和二硫苏糖醇诱导的GRP78高表达，说明紫杉醇与25-OCH_3-PPD可以逆转内质网应激。本研究提供了两个可以逆转内质网应激的天然小分子化合物，同时也为紫杉醇的临床应用提供了新的视角。

引　言

外界刺激，如氧化应激、葡萄糖饥饿、钙调节异常和病毒感染等都能够导致内质网应激。初期的内质网应激是存活机制，能够帮助细胞恢复内稳态[103]。但是，持续剧烈的内质网应激却导致细胞和组织损伤[104]。大量的研究结果证实，内质网应激能够诱发很多疾病，如神经退行性疾病、炎症、病毒感染、癌症和代谢性疾病等[105-107]。因此，开发能够缓解内质网应激的药物成为研究的热点。

天然产物为药物的研发提供了丰富的资源。天然化合物具有很多优点，如结构新颖、活性高、容易吸收、易于代谢和排泄等[108]。尤其是天然小分子化合物具有更多的研究价值：天然小分子化合物易于给药，在生理功能恢复后又易于撤出；小分子化合物具有良好的药用前景；天然小分子化合物经过了生物代谢过程，具有良好的生物适应性[6,7]。因此，筛选出能够逆转内质网应激的天然小分子化合物为相关疾病的预防和治疗带来了新的希望。

第一节　文献综述

一、内质网应激

内质网（endoplasmic reticulum，ER）是负责蛋白质折叠与修饰的细胞器，也是脂类生物合成和Ca^{2+}储存的场所。新合成的蛋白质（包括分泌蛋白、跨膜蛋白与细胞质驻留蛋白）被转移到内质网腔中进行折叠，进而进行糖基化、二硫键形成等修饰[109]。随后正确折叠的蛋白质离开内质网，到达合适的位置行使功能；错误折叠的蛋白质滞留在内质网中或者被细胞质中的蛋白酶体降解。内质网通过内质网质量控制（ER quality control，ERQC）系统来保证蛋白质的正确折叠[110]。当细胞受到外界刺激，ERQC系统被扰乱，错误折叠与未折叠的蛋白在内质网中积累，会引起内质网应激（ER stress）与未折叠蛋白反应（unfolded protein response，UPR）[111-113]。当UPR不足以缓解内质网应激时，细胞就会启动自噬与凋亡程序，进而引起细胞和组织损伤。

（一）内质网质量控制

ERQC系统主要依赖于分子伴侣和折叠酶来保证蛋白质的正确折叠与修饰。参与内质网质量控制的分子伴侣和折叠酶可以分为三大类：①免疫球蛋白结合蛋白（immunoglobulin binding protein，Bip），也叫作葡萄糖调节蛋白（glucose regulatingprotein，GRP），如GRP78（Bip）、GRP94；②钙联蛋白（calnexin，CNX）与钙网蛋白（calreticulins，CRT）；③蛋白质二硫化物异构酶，如ERp57、ERp72[114]。新合成的未折叠蛋白普遍具有疏水区，GRP78与GRP94能够通过疏水基团识别未折叠或错误折叠的蛋白，并与之结合，帮助其进行正确折叠[115]。钙联蛋白与钙网蛋白能够与糖蛋白相结合，促进糖蛋白的折叠及其与酶的相互作用[116]。ERp57能够借助内质网的氧化环境生成二硫键[117,118]。

（二）内质网应激与未折叠蛋白反应

当细胞受到外界刺激，如氧化应激、葡萄糖饥饿、钙调节异常、病毒感染与低氧诱导时，ERQC系统被打乱，错误折叠与未折叠的蛋白质在内质网中积累，最终导致内质网应激。伴随内质网应激发生的是未折叠蛋白反应（UPR）。UPR主要通过三种方式缓解内质网应激：①增加伴侣分子的转录；②抑制mRNA的翻译以减少蛋白质负荷；③激活内质网相关的降解（ER-associated degradation，ERAD）系统，促进蛋白质从内质网转运到细胞质，进而进行蛋白酶体降解。

UPR由三个主要的应激感受器激活：肌醇需求酶1（inositol-requiring kinase 1，IRE1)、蛋白激酶R样内质网激酶（double-stranded RNA-activated protein kinase-like endoplasmic reticulum kinase，PERK)与转录激活因子6（activating transcription factor 6，ATF6）[119]。这三种应激感受器都属于内质网跨膜受体蛋白，其中IRE1与PERK属于类型Ⅰ内质网跨膜受体蛋白，具有蛋白激酶活性；ATF6属于类型Ⅱ内质网跨膜受体蛋白，能够激活转录因子的表达[120]。在正常生理状态下，这三种感受器与GRP78相结合，处于无活性状态。当内质网应激发生时，未折叠蛋白诱导GRP78与IRE1、PERK、ATF6分离，使IRE1、PERK与ATF6被激活（见图2-1）。IRE1、PERK和ATF6被激活后通过控制下游信号通路来维持内质网的内稳态[121]。

1. IRE1通路

IRE1由内质网腔结构域（N末端）、跨膜结构域和细胞质结构域（C末端）组成。C末端同时具有丝氨酸－苏氨酸激酶活性和核糖核酸内切酶活性。IRE1具有α和β两个亚型，IRE1α广泛表达于所有类型细胞中，而IRE1β只在小肠上皮细胞中表达[122,123]。

UPR主要由IRE1α调控。当UPR起始时，GRP78与IRE1α分离，IRE1通过自磷酸化激活。如图2-1所示，激活的IRE1α利用其核糖核酸内切酶活性将X结合蛋白1（X-box binding protein 1，XBP1）mRNA中的内含子去掉，生成融合蛋白XBP1s[122]。激活的XBP1s通过以下几种方式来缓解内质网应激：①作为转录因子促进UPR靶基因的表达；②上调内质网伴侣分子的表达；③ 诱导ERAD复合物中各种组分的表达；④促进磷脂的生物合成；⑤促进错误折叠蛋白的运输与降解[124,125]。IRE1的核糖核酸内切酶结构域能够催化内质网靶向的mRNA和28S核糖体亚单位的断裂，从而抑制新蛋白质的生成[126]。

很多细胞代谢调节因子可以调节IRE1通路。PKA可以调节IRE1α的磷酸化，进而控制胰高血糖素介导的葡萄糖异生作用相关基因的表达[127]。哺乳动物雷帕霉素靶蛋白1（mammalian target of rapamycin complex 1，mTORC1）作为主要的细胞营养和能量感受器，能够调节XBP1的剪接[128]。PI3K的调节亚基P85能够与XBP1相互作用，进而增强XBP1的核转运和转录活性[129]。

2. PERK通路

PERK也由内质网腔结构域、跨膜结构域和细胞质结构域组成。细胞质结构域具有丝氨酸－苏氨酸激酶活性，能够使真核生物翻译起始因子2α（eukaryotic translation initiation factor 2α，eIF2α）磷酸化[130]。PERK被磷酸化激活后，使eIF2α的α亚基第51位丝氨酸磷酸化，下调eIF2α依赖的翻译，从而抑制细胞内mRNA的翻译[131]。mRNA翻译的抑制减轻了内质网的蛋白负荷，使细胞集中能量缓解内质网应激，从而促进细胞存活。与抑制mRNA翻译的作用相反，PERK/ eIF2α能够激活含有核糖体进入位点的蛋白翻译，如ATF4。ATF4是一种bZIP转录因子，能够促进存活基因GRP78和GRP94的表达[132]。在氧化应激中，PERK还可以磷酸化核因子E2相关因子2 [nuclear factor (erythroid-derived 2)-related factor2，Nrf2]，使其进入细胞核开启氧化基因的表达来对抗氧化应激[133]。

PERK主要依赖于两条途径使其处于翻译的中心位置。首先，P58IPK能够抑制PERK的细胞质结构域[134]。其次，CHOP(CCAAT/enhancer-binding protein homologous protein)与GADD34（growth arrest and DNA damage gene）能够使eIF2α去磷酸化，进而调节PERK的活性[135]。

3. ATF6通路

ATF6是一个基本的亮氨酸拉链（basic leucine zipper，bZIP）蛋白，同样具有内质网腔结构域（C末端）、跨膜结构域和细胞质结构域（N末端）。ATF6具有ATF6α（90 kDa）和ATF6β（110 kDa）两种亚基。ATF6的内质网腔结构域具有高尔基体定位序列（golgi localization sequences，GLS）。ATF6α亚基具有两个高尔基体定位序列GLS1和GLS2，ATF6β亚基具有一个高尔基体定位序列GLS2[136]。在正常生理状态下，ATF6通过与GRP78相结合驻留在内质网中。在内质网应激发生时，ATF6α、ATF6β与GRP78解离，转移到高尔基体。ATF6位于高尔基体内的部分（C末端）相继经过高尔基体驻留蛋白酶体S1P与S2P的两次剪切，使ATF6的细胞质结构域（N末端）得到释放，进入细胞核，如图2-1所示[137]。ATF6的细胞质结构域作为转录激活因子，能够激活ERAD、磷脂生物合成、蛋白质折叠与内质网扩张相关基因的表达[138]。

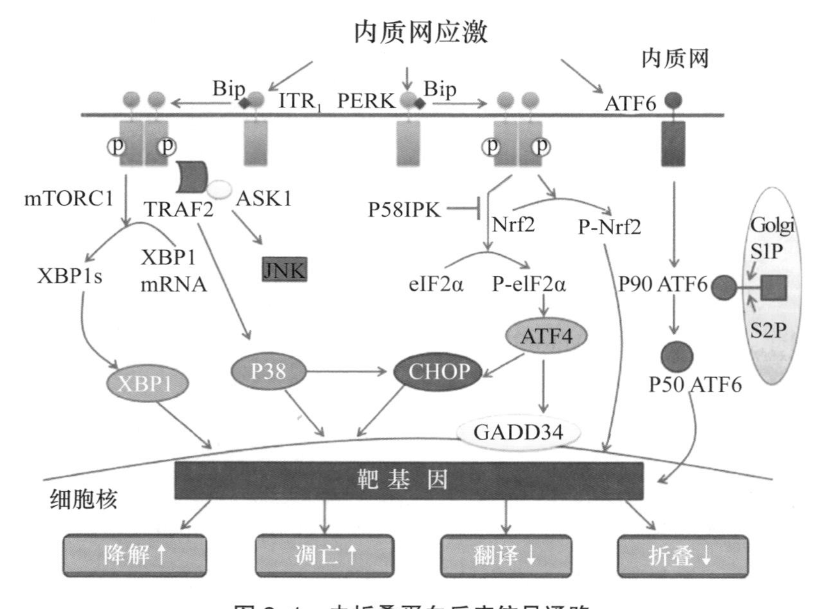

图 2-1　未折叠蛋白反应信号通路

Figure 2-1　The signaling pathway of UPR

（三）内质网应激介导的自噬

自噬系统的主要功能是降解长时间存在的受损蛋白质和细胞器。UPR介导的自噬主要是降解ERAD不能清除的蛋白质[139]。因此，在内质网应激过程中，自噬能够增强应激承受能力，降低损伤，提高细胞的存活率。GRP78与PERK、IRE1的解离是内质网应激介导的自噬被激活的主要原因[140]。IRE1与GRP78解离后能够激活JNK，进而促进B细胞淋巴瘤相关基因-2（B cell lymphoma-2，Bcl-2）的磷酸化，磷酸化后的Bcl-2与Beclin-1分离。自由的Beclin-1与PI3K以及其他一些自噬相关的蛋白相互作用，从而增强自噬活性[141，142]。polyQ蛋白的积累能够使PERK-eIF2α-ATF4依赖的自噬基因Atg12上调，进而诱导自噬[143]。最近的研究表明，内质网应激既是自噬的诱因，又是自噬的结果，即内质网应激能够通过UPR诱导自噬，同时受损的自噬也能够导致内质网应激。

（四）内质网应激介导的凋亡

在内质网应激中，UPR诱导的自噬是存活机制，而凋亡是死亡程序。当自噬不能维持细胞存活时，凋亡程序就被开启。UPR主要通过PERK/ATF4和IRE1α两种途径诱导凋亡。

在过度内质网应激中，PERK/ATF4通路能够促进CHOP的转录。CHOP过表达之后能够抑制凋亡抑制蛋白Bcl-2的表达、激活半胱天冬酶（caspase）活性、促进Bax从细胞质进入线粒体，最终使细胞走向凋亡[144]。

IRE1α的激活也与凋亡有关。IRE1α激活后通过调控丝裂原活化蛋白激酶（mitogen-activated protein kinases，MAPK）与Bcl-2家族成员来调控凋亡。Bcl-2家族蛋白能够诱导线粒体中细胞色素C的释放，从而诱导线粒体相关的半胱天冬酶激活[145]。此外，IRE1α/TRAF2/ASK1信号通路能够激活JNK，进而磷酸化Bcl-2，抑制Bcl-2与Bax、Bad和Bid的结合，使促凋亡蛋白Bax、Bad和Bid得到释放，从而促进凋亡[146]。

二、内质网应激与疾病

内质网应激与很多疾病有关。越来越多的证据表明，很多疾病是由内质网应激引起的，或者因为内质网应激而加重。

（一）神经退行性疾病

在帕金森病中，α-核突触蛋白的积累能够诱发内质网应激，说明内质网应激在帕金森病的发病中起到了关键作用。帕金森病人的神经元中包含了大量路易斯小体，路易斯小体的主要成分就是α-核突触蛋白。这些α-核突触蛋白能够与磷酸化的PERK和eIF2α共定位，说明α-核突触蛋白的积累与内质网应激信号相关[147]。另外，帕金森病的模拟药物6-羟多巴胺能够加剧内质网应激，而在CHOP缺失的神经元细胞中，6-羟多巴胺诱导的凋亡减少[148]。

在阿尔茨海默病中，β-淀粉样蛋白斑块的积累能够诱发内质网应激，说明内质网应激在阿尔茨海默病的发病中也起到了关键作用。对阿尔茨海默病病人的脑组织进行分析发现，在不同的阿尔茨海默病病人的脑组织中都可以发现XBP-1的剪接和IRE1α的磷酸化[149]。而且在体外培养的细胞和脑组织中，β-淀粉样蛋白斑块都能够诱导CHOP的表达。相反，用siRNA干涉CHOP的表达能够提高细胞的存活率[150]。

（二）眼科疾病

未折叠蛋白的积累能够引起很多眼科疾病，如色素性视网膜炎、青光眼和黄斑变性。色素性视网膜炎（retinitis pigmentosa，RP）是与年龄相关的由视紫红质突变引起的视网膜退行性疾病。在表达视紫红质突变体P23H的兔模型中，ATF6、磷酸化的eIF2α、CHOP的表达水平都显著升高。研究表明，氧化应激、炎症与内质网应激相互协调共同诱发了老年性黄斑变性（senile macular degeneration，AMD）[151]。高水平的氧化蛋白、脂类与核酸在AMD病灶中可以激活炎症反应，进而激活内质网应激。事实上，AMD病灶含有高水平的氧化LDLs，LDLs能够通过PERK/ATF4信号通路刺激VEGF的表达。VEGF的高表达能够加剧血液渗出与纤维化创伤，进而损伤光感受器，致使视力丧失[152]。

（三）炎　症

内质网应激信号通路与免疫和炎症有着密切的关系。在巨噬细胞中，Toll样受体TLRs下游信号可以使IRE1α磷酸化，从而诱导XBP-1的mRNA进行剪接[153,154]。在纤维肉瘤细胞和肝细胞中，TNF-α、IL-1β和IL-6都能够诱发内质网应激，同时激活IRE1α、PERK和ATF6三条通路。此外，未折叠蛋白的大量积累，能够激活NF-κB信号通路，NF-κB入核后能够激活炎症基因的表达。

未折叠蛋白的积累还可以导致很多自身免疫性疾病，包括炎症性肠病、多发性硬化与风湿性关节炎[155]。

（四）病毒感染

在病毒感染过程中，需要合成大量的病毒蛋白，尤其是糖蛋白来保证病毒的复制和成熟。对蛋白合成的大量需求能够引起内质网应激。不同种类的病毒可以引起不同的UPR反应。例如，巨细胞病毒侵染抑制ATF6通路，但却激活IRE1α通路。单纯性疱疹病毒能够抑制PERK的激活。单纯性疱疹病毒编码的毒力因子γ134.5能够抑制elF2α的磷酸化，同时能够缓解DTT和毒胡萝卜素引起的翻译的阻滞[156]。另外，C型肝炎病毒的复制能够激活ATF6通路，但是抑制IRE1α/XBP-1通路。

有些病毒的侵染还能够诱导内质网应激介导的细胞凋亡。例如，用乙型肝炎侵染细胞时，能够激活p38/MAPK信号通路与CHOP的表达，进而诱导细胞凋亡[157]。牛腹泻病毒能够通过激活CHOP、磷酸化PERK与elF2α诱导凋亡。

（五）恶性肿瘤

研究表明，多种恶性肿瘤细胞系和临床肿瘤样本都高表达内质网分子伴侣GRP78。并且GRP78高表达的肿瘤都具有化学药物抵抗和不良预后的特点。

肿瘤微环境包括低血管化、低氧供应、营养匮乏、pH为酸性等，所有这些特性都是内质网应激的诱导因素。在快速生长的肿瘤中，UPR起到重要的保护作用，能够帮助肿瘤生长所需要的蛋白质进行折叠。在低氧条件下，UPR信号IRE1α和PERK能够促进肿瘤细胞的存活和生长，PERK缺失的小鼠肿瘤细胞的存活率明显下降。

在肿瘤的早期发展阶段，IRE1α/XBP-1信号通路对于血管的生成是必需的。例如，在人移植瘤模型中，表达IRE1α的显性突变体或者抑制XBP-1的剪接都能够抑制血管生成[158]。最近，IRE1α/XBP-1信号通路已经成为治疗癌症的靶点。例如，在动物模型中，用小分子抑制IRE1α介导的XBP-1剪接能够显著抑制多发性骨髓瘤细胞的生长[159]。而且，XBP-1的抑制可以诱导高水平的凋亡，说明XBP-1在维持肿瘤的恶性程度中发挥了重要作用[160,161]。

（六）糖尿病

内质网应激可以引起β细胞功能缺陷和胰岛素抵抗，最终导致糖尿病。最近的研究证实，在Ⅱ型糖尿病T2DM中，胰岛β细胞的死亡与UPR直接相关。在内质网应激发生时，随着内质网应激相关基因表达的增多，小鼠胰岛β细胞的凋亡也增多[162]。内质网应激诱导的应激激酶激活能够导致胰岛素受体底物1（insulin receptor substrate，IRS-1）的丝氨酸磷酸化，使IRS-1不能被胰岛素受体信号调控，从而促进了胰岛素抵抗[163]。ATF6可抑制骨骼肌细胞中葡萄糖转运体4（glucose transporter four，GLUT4）的表达，使葡萄糖耐受降低，同时对低血糖的反应减弱。JNK磷酸化激活后可以使IRS-1的酪氨酸磷酸化减少、丝氨酸磷酸化增多，抑制胰岛素的作用，使胰岛素抵抗发生[164,165]。

三、硒蛋白 S

硒元素是人体必需的微量元素。硒元素主要以硒半胱氨酸残基形式形成硒蛋白（selenoprotein）发挥生理作用[166,167]。在人体中，已经发现25种硒蛋白，包括硒蛋白N、硒蛋白S、硒蛋白K、硒蛋白M、硒蛋白T等。迄今为止，多数硒蛋白的功能都是未知的[168]。已知的硒蛋白的功能包括抗氧化保护作用、维持细胞氧化还原平衡、控制甲状腺激素的激活和失活、运输硒元素到外周组织等[169]。

硒蛋白S（selenoprotein S，SelS）是由Walder等在2002年发现的[170]。硒蛋白S也叫作SEPS1、AD-015、SELENOS，是一种与内质网应激密切相关的跨膜硒蛋白，可定位于内质网膜和细胞质膜中[168,171-173]。硒蛋白S广泛表达于多种细胞和组织中，如肝组织、肌肉组织和脂肪组织等[170]。

（一）硒蛋白 S 的结构

硒蛋白S是一个单跨膜蛋白，含有189个氨基酸，分子量为21 kDa。硒蛋白S可以分为内质网腔结构域、内质网跨膜结构域和细胞质结构域。内质网腔结构域由一个较短的N末端片段组成，紧接着内质网腔结构域的是内质网跨膜区，由26 ~ 28号氨基酸组成，之后是细胞质结构域[174]。细胞质结构域（C末端结构域）由131个氨基酸组成，含有硒半胱氨酸残基。硒蛋白S在细胞质中的起始部分包括两段卷曲螺旋结构，由52 ~ 122号氨基酸组成。卷曲螺旋结构域的下游没有明显的二级结构域，由123 ~ 189号氨基酸组成，此区域富含赖氨酸、脯氨酸、甘氨酸和精氨酸[175]。

（二）硒蛋白 S 与内质网应激

在毒胡萝卜素和衣霉素引起的内质网应激中，GRP78表达上调的同时，硒蛋白S的表达也升高了，说明硒蛋白S与内质网应激应答有关[176]。硒蛋白S基因的表达被抑制后，内质网应激介导的凋亡增加。相反,硒蛋白S基因的过表达则通过缓解内质网应激,促进细胞存活[177]。研究证实,硒蛋白S是内质网逆向运输通道的重要组成部分,参与内质网相关的蛋白降解(ER-associated protein degradation,ERAD)[172]。在内质网应激状态下,未折叠蛋白或错误折叠蛋白积累,ERAD系统通过逆向运输将错误折叠的蛋白从内质网运输到细胞质中进行降解[178]。首先,位于内质网膜上的受体识别未折叠或者错误折叠的蛋白质,并将这些蛋白移向跨膜蛋白Derlin1。接下来,Derlin1招募硒蛋白S和p97 ATP酶,三者形成一个复合物。p97与其辅助因子共同将错误折叠的蛋白质拽到细胞质中,然后p97 ATP酶识别多聚泛素,将错误折叠的蛋白泛素化。最后泛素化的蛋白质被泛素蛋白酶体识别并降解[179]。

(三)硒蛋白S的其他功能

硒蛋白S基因的表达与前炎症因子的循环水平相关,如肿瘤坏死因子α(tumor necrosis factor α,TNF-α)、白介素1β。在HepG2细胞和小肠上皮细胞中,前炎症因子都可以激活硒蛋白S基因的转录[180],说明硒蛋白S能够在炎症反应中发挥作用[181]。最近研究表明,硒蛋白S的分泌与低密度脂蛋白粒子相关,说明硒蛋白S在脂代谢中发挥作用[182]。硒蛋白S也是一种葡萄糖调节蛋白,研究证实,在Ⅱ型糖尿病的动物模型中以及在糖尿病病人中,硒蛋白S都与葡萄糖稳态相关[183]。与其他硒蛋白类似,硒蛋白S也具有抗氧化作用。如过表达硒蛋白S能够保护MIN6细胞免受H_2O_2诱导的细胞凋亡[176]。

四、本研究的目的与意义

内质网应激与很多疾病有关,如神经退行性疾病、肝脏疾病、心血管疾病、糖尿病、眼科疾病、炎症、病毒感染、癌症等等。因此,研发出能够逆转内质网应激的药物将有助于相关疾病的治疗。天然化合物具有良好的药物动力学性质（药物的吸收、分配、代谢、排泄和毒性），已经成为新药研发的主要来源。*SelS*是内质网应激的灵敏标志物。本研究以*SelS*基因启动子为靶点，筛选了一个天然小分子化合物库，以期得到能够逆转内质网应激的天然小分子化合物。

本研究可以为内质网应激相关疾病提供候选药物，对疾病的预防和治疗以及人类健康都具有重要意义。

第二节　材料与方法

一、实验材料

（一）实验试剂

1. 细胞培养相关试剂

（1）细胞培养相关试剂

DMEM培养基购自美国GIBCO公司，胎牛血清购自美国Hyclone公司，胰蛋白酶购买自美国Amresco公司，青霉素、链霉素购买自中国北京华美公司。

（2）细胞冻存相关试剂

二甲基亚砜（DMSO）购买自美国Sigma-Aldrich公司。

2. 抗　体

小鼠抗*SelS*单克隆抗体（sc-365498）、小鼠抗JNK单克隆抗体（sc-137018）、小鼠抗p38单克隆抗体（sc-7972）和兔抗GRP78多克隆抗体（sc-13968）购买自美国Santa Cruz Biotechnology公司，兔抗ERK多克隆抗体（9102s）、兔抗p-ERK1/2多克隆抗体（9101s）、兔抗p-JNK多克隆抗体（9251s）与兔抗p-p38多克隆抗体（9211s）购买自美国Cell Signaling Technology公司，小鼠抗GAPDH单克隆抗体（KC-5G4）购买自中国上海康成生物有限公司，HRP标记的山羊抗小鼠抗体（A0216）和HRP标记的山羊抗兔抗体（A0208）购买自中国上海碧云天生物技术有限公司。

3. RNA提取相关试剂

Trizol购买自美国Invitrogen公司，DEPC购买自美国Sigma-Aldrich公司，核酸marker DL2000购买自日本TaKaRa公司。

4. 荧光素酶及β-半乳糖苷酶活性检测相关试剂

荧光素购自美国BD公司，ONPG购买自中国上海生物工程公司。

5. 试剂盒

逆转录试剂盒购买自日本TaKaRa公司，磷酸钙转染试剂盒购买自中国上海碧云天生物技术有限公司。

6. 其　他

预染蛋白质分子量marker购买自中国上海碧云天生物技术有限公司，MTT与U0126购买自美国Sigma-Aldrich公司。苯甲基磺酰氟（PMSF）、亮抑酶肽和胃酶抑素购买自Bios Canaca公司，常用试剂均为国产分析纯。

（二）实验仪器

PCR仪（美国赛默飞世尔科技有限公司），DNR Bio-imaging Systems（以色列DNR成像系统有限公司），Tanon GIS-2020凝胶成像系统（上海天能科技有限公司），ICE MICROMAX RF离心机（美国赛默飞世尔科技有限公司），冰浴–孵育器（长春博研科学仪器有限公司），蛋白电泳仪（美国Bio-Rad公司），–80 ℃超低温冰箱（美国赛默飞世尔科技有限公司），荧光化学发光检测仪（德国BMG LABTECH GmbH公司），HZQ-C空气浴振荡器（哈尔滨东联电子技术有限公司），Model-680酶标仪（美国Bio-Rad公司），HSS-1数字式超级恒温水浴槽（上海精宏实验设备有限公司），TY-80B脱色摇床（江苏省金坛区环宇科学仪器厂），ZT-Ⅰ型微型台式真空泵（宁波石浦海天电子仪器厂），微波炉（格兰仕电器有限公司），pH计（日本岛津公司科学仪器有限公司），电子分析天平（上海科达测试仪器厂），二氧化碳培养箱（美国赛默飞世尔科技有限公司），YJ-1450型超净工作台（苏净集团安泰空气技术有限公司），倒置荧光显微镜（日本奥林帕斯有限公司）。

（三）质粒与细胞株

1. 质　粒

pGL3-basic载体为本实验室保存，pSelS-luc质粒表达载体为本实验室制备。

2. 细胞株

HepG2细胞（人肝癌细胞）与HEK293T细胞（人胚胎肾细胞）购买自中国科学院上海生命科学研究院细胞资源中心，并在本实验室传代培养、保存。

（四）实验药品

361种天然化合物单体一部分由本实验室提取保存，另一部分购买自中国药品生物制品检定所。其中，紫杉醇购买自中国药品生物制品检定所，纯度为99.6%；25-OCH_3-PPD提取自三七叶子，纯度为99.0%。

二、实验方法

（一）细胞培养

1. 相关试剂的配制

0.25%胰蛋白酶溶液：将0.25 g胰蛋白酶粉末加入到90 mL PBS溶液中，冰浴低速搅拌30 min，使之溶解，并调pH至7.4，加

PBS定容至100 mL，无菌过滤，分装，–20 ℃保存，短期保存可放置于4 ℃冰箱中。

D-Hanks缓冲液：NaCl 8 g，KCl 0.4 g，Na_2HPO_4 0.132 g，$NaHCO_3$ 0.35 g，葡萄糖1 g，加蒸馏水溶解并定容至1 L，高温高压灭菌30 min。

细胞冻存液：按DMSO∶血清=1∶9的比例进行配制，4 ℃预冷。

DMEM培养基：将DMEM粉末用蒸馏水溶解，加入3.7 g $NaHCO_3$，按要求加入链霉素和青霉素，青霉素终浓度为100 U/mL，链霉素为100 μg/mL，加蒸馏水定容至1 L。在超净台中过滤除菌，分装，置于4 ℃保存，使用时加入10%的无菌胎牛血清。

2. 细胞复苏

用镊子从–80 ℃冰箱或液氮中取出冻存管，立即放入37 ℃温水中迅速摇动，使冻存液溶解。当冻存液剩余黄豆粒大小时，将冻存液转移到含有9 mL培养基（或D-Hanks缓冲液）的尖底离心管中，混匀，600 r/min离心5 min，弃上清。在细胞沉淀中加入1 mL DMEM培养基，用移液器重悬细胞沉淀，混匀后转移到细胞培养瓶（或培养板）中，加入血清并补足培养基，使细胞在含20%血清的培养基中生长。置于细胞培养箱中（37 ℃ 5% CO_2）培养。细胞贴壁后，更换新鲜的含10%血清的培养基。

3. 细胞传代

细胞传代时，弃去培养基，然后加入D-Hanks缓冲液清洗细胞，除去残留的培养基和血清。随后加入0.25%的胰蛋白酶溶液消化细胞，在显微镜下观察，当细胞形态发生变化时，用移液器将胰蛋白酶溶液小心地吸出，尽量不要残留胰蛋白酶。随后加入含10% 胎牛血清的DMEM培养基，用吹打管将细胞吹打至完全脱落，并按照一定比例进行传代。

4. 细胞冻存

选取生长良好的细胞，弃掉培养基，按传代方法将细胞吹起并混匀，取适量细胞悬液移到离心管中，600 r/min离心5 min，弃去上清，加适量冻存液，轻轻吹打混匀细胞，分装至冻存管中，封口标记。先在4 ℃放置15 min，然后在–20 ℃放置30 min，最后转移至–80 ℃过夜，第二天将冻存管转移到液氮中，进行长期保存。

（二）以 *SelS* 启动子为靶点的化合物筛选

1. 待筛选化合物的配制

将本实验室保存的361种天然小分子化合物，用DMSO配成母液，浓度为10 mg/mL。在筛选过程中，用DMSO稀释成所需浓度，–20 ℃冰箱保存备用。

2. 目标化合物的初步筛选

在转染前一天将HEK293T细胞以6×10^5个/孔的比例接种于6孔板中，使细胞在转染前长到80%左右。用碧云天磷酸钙法细胞转染试剂盒进行转染，首先将3 ~ 4 μg pSelS-luc质粒加入50 μL氯化钙溶液中，混匀。将DNA–氯化钙混合液缓慢加入50 μL BBS溶液中，充分混匀，静置30 min。将混合液加入细胞中，继续培养4 ~ 6 h。然后用胰酶消化细胞，用2 mL的含10%血清的DMEM培养基重新悬浮细胞。把细胞悬液转移到96孔板中，每孔100 μL，继续培养24 h。用含3%血清的DMEM培养基稀释待筛选化合物，使其终浓度为5 μg/mL。取出细胞，弃去培养基，在每个孔中加入100 μL化合物的稀释液，继续培养24 h后进行荧光素酶活性检测。

3. 目标化合物的复筛

在转染前一天将HEK293T细胞以1×10^5个/孔的比例接种于24孔板中，使细胞在转染前长到80%左右。按照说明书用碧云天磷酸钙法细胞转染试剂盒进行转染。将目的质粒（pSelS-luc或者pGL3-basic）与参照质粒（pCMV-β-gal）共转染HEK293T细胞，转染所用质粒总量为1~1.5 μg/孔（目的质粒+参照质粒）。将质粒加入25 μL氯化钙溶液中，混匀。将DNA–氯化钙混合液缓慢加入25 μL BBS溶液中，充分混匀，静置30 min。将混合液加入细胞中，继续培养4 h后，换成新鲜的完全培养基。培养24 h后，改用含3%血清的DMEM培养基（化合物终浓度为5 μg/mL），化合物作用24 h后进行荧光素酶活性检测。

（三）荧光素酶活性检测

1. 实验试剂

细胞裂解液（pH 7.8）：2 mL 100% TritonX-100，200 μL 1 mol/L DTT，0.73 g $MgCl_2$，0.304 g EGTA，0.66 g 甘氨酸，加蒸馏水溶解后定容至200 mL。

荧光素酶活性检测缓冲液：1.5 μL 0.1 mol/L ATP，0.5 μL 1 mol/L $MgCl_2$，1 μL 0.5 mol/L KH_2PO_4，2 μL蒸馏水。

荧光素酶活性检测液：1 μL 20 mmol/L荧光素，20 μL 0.5 mol/L KH_2PO_4，80 μL蒸馏水。

10×β-半乳糖苷酶活性检测缓冲液（pH 7.0）：6.24 g NaH_2PO_4，21.488 g Na_2HPO_4，0.745 g KCl，0.246 g $MgSO_4$，340 μL β-巯基乙醇，加蒸馏水溶解后调pH至7.0，之后用蒸馏水定容至100 μL。

β-半乳糖苷酶活性检测液：12.5 μL 6 mg/mL ONPG，37.5 μL 1×β-半乳糖苷酶活性检测缓冲液。

2. 实验步骤

荧光素酶活性检测：用PBS缓冲液洗涤转染后的细胞，然后在每个孔中加入100 μL细胞裂解液。置于冰上或者–20 ℃冰箱中，放置30 min，使细胞裂解完全。先在96孔酶标板的每个孔中加入5 μL的荧光素酶活性检测缓冲液，然后加入45 μL的细胞裂解物，随后加入100 μL荧光素酶活性检测液，立即用荧光化学发光仪检测荧光素酶的活性。

β-半乳糖苷酶活性检测：在酶标板的每个孔中加入20 μL细胞裂解物，然后加入50 μL β-半乳糖苷酶活性检测液。置于37 ℃的温箱中，避光条件下反应，待混合液变为黄色，用酶标仪检测β-半乳糖苷酶的活性（OD_{450}）。用此值来标准化荧光素酶活性值，从而修正由于转染效率和细胞数量的差异而引起的误差。

3. 数据处理

每种化合物对*SelS*启动子活性的影响用倍数值表示。倍数值大于1，说明化合物能够增强*SelS*启动子活性；倍数值等于1，说明化合物对*SelS*启动子活性没有影响；倍数值小于1，说明化合物能够抑制*SelS*启动子活性。

（1）在初筛结果中，每种化合物的倍数值以下述公式计算。

$$倍数值=\frac{每种化合物处理样品的荧光素酶活性值}{\text{DMSO 处理样品的荧光素酶活性值}}$$

（2）在复筛结果中，每种化合物的倍数值用下述公式进行计算。

$$相对荧光素酶活性值=\frac{每一样品荧光素酶活性值}{每一样品\ \beta\ 半乳糖苷酶活性值}$$

$$倍数值=\frac{每种化合物处理样品的相对荧光素酶活性值}{\text{DMSO 处理样品的相对荧光素酶活性值}}$$

（四）RT-PCR方法检测*SelS*基因的表达

1. RNA的提取

用不同浓度的紫杉醇（0.031 25 μg/mL、0.062 5 μg/mL和0.125 μg/mL）处理HepG2细胞，12 h后，将细胞从细胞培养箱中取出，用PBS（4 ℃预冷）缓冲液清洗细胞。然后加入1 mL的Trizol溶液，将细胞吹起转移到1.5 mL EP管中。在Trizol溶液中加入200 μL氯仿，剧烈混匀15~20 s，室温静置2 min后，离心15 min（4 ℃，12 000 r/min）。将水相移到另一个EP管中，加入等体积预冷的异丙醇，颠倒混匀数次，室温静置10 min。离心10 min（4 ℃，12 000 r/min），弃上清，在沉淀中加入1 mL 75%乙醇洗涤沉淀，离心5 min（4 ℃，7 500 r/min），重复此步骤一次。弃上清，自然干燥，加入15 ~ 20 μL的0.1% DEPC水，37 ℃溶解30 min，将RNA

溶液放于−80 ℃冰箱保存。

2. 逆转录

按照说明书使用TransGen Biotech公司的TransScript First-Strand cDNA Synthesis SuperMix试剂盒进行实验。

（1）反应体系（见表2-1）

表 2-1　逆转录反应体系

mRNA 模板	1 μg
Anchored Oligo(dT)18(0.5 μg/mL)	1 μL
2×TS Reaction Mix	10 μL
TransScript RT/RI Enzyme Mix	1 μL
RNase-free Water	加至 20 μL

（2）反应过程

将上述体系的各种试剂依次加入EP管中，混匀，42 ℃孵育30 min。85 ℃加热5 min使TransScript RT失活。

3. PCR反应

以上述逆转录的cDNA为模板，使用*SelS*基因和β-actin基因的特异性引物进行RT-PCR反应。其中，β-actin为内参基因。

*SelS*基因特异性引物：5′-GTTGCGTTGAATGATGTCTTCCT-3′（sense）；5′-AGAAACAAACCCCATCAACTGT-3′（antisense）。

β-actin基因特异性引物：5′-TCGTGCGTGACATTAAGGAG-3′（sense）；5′-ATGCCAGGGTACAT GGTGGT-3′（antisense）。

（1）PCR反应体系（25 μL）（见表2-2）

表 2-2　PCR 反应体系

cDNA（1 μg/μL）	5 μL
上游引物 (10 μmol/L)	1 μL
下游引物 (10 μmol/L)	1 μL
10×Taq Buffer	2.5 μL
2.5 mmol/L dNTP	2 μL
Taq DNA polymerase	1 μL
无菌水	加水至 25 μL

（2）PCR反应条件

94 ℃，5 min；

94 ℃，30 s；
55 ℃，40 s；
72 ℃，30 s；
（以上三步：25周期）

72 ℃，10 min。

4. 琼脂糖凝胶电泳

（1）实验试剂

50×TAE电泳缓冲液：242 g Tris，57.1 mL冰醋酸，100 mL 0.5 mol/L EDTA（pH 8.0），加蒸馏水溶解后调pH至8.4，加水定容至1 L。使用时用蒸馏水稀释为1×TAE。

DNA marker：DL2000 DNA marker。

琼脂糖粉末。

（2）实验方法

将0.5 g琼脂糖加入50 mL 1×TAE缓冲液中，然后在微波炉中进行加热。当琼脂糖熔化完全时，取出摇匀，并重复三次。将琼脂糖溶液置于室温，冷却到50 ℃左右，加入5 μL花青素染料，使其终浓度为0.5 mg/mL。将琼脂糖溶液倒在胶槽中，室温静置，使之冷却凝固。30 min后，将梳子拔出。将胶板置于电泳槽中，并在其中加入1×TAE电泳缓冲液。将10×凝胶上样缓冲液与PCR产物混匀后加入上样孔中。合上电泳槽盖，连接电源，在电压为130 V的条件下进行电泳。当溴酚蓝到达凝胶前沿时，将电泳停止。使用凝胶成像系统观察、拍照、保存图片。

（五）免疫印迹

1. 相关试剂的配制

（1）30%丙烯酰胺溶液：丙烯酰胺 29.2 g，甲叉双丙烯酰胺 0.8 g，加水溶解并定容至100 mL，4 ℃避光保存。

（2）1 mol/L Tris-HCl分离胶缓冲液（pH 6.8）：称取Tris 12 g，

加水溶解后用1 mol/L HCl调pH至6.8，再加水定容至100 mL，4 ℃保存。

（3）1.5 mol/L Tris-HCl压缩胶缓冲液（pH 8.8）：称取Tris 18.15 g，加水溶解后用1 mol/L HCl调pH至8.8，再加水定容至100 mL，4 ℃保存。

（4）10%SDS溶液：称取SDS 10 g，加蒸馏水充分溶解，并定容至100 mL，室温条件下保存。

（5）10%过硫酸铵溶液：称取过硫酸铵 1 g，加水至10 mL，充分溶解后短期内4 ℃保存，或现用现配。

（6）4×样品缓冲液：3 mL 0.1 mol/L Tris-HCl（pH6.8），3 mL β-巯基乙醇，0.8 g SDS，0.01 g 1%溴酚蓝，4 mL甘油，充分溶解并定容至10 mL，室温条件下保存。

（7）10×蛋白电泳缓冲液（pH 6.8）：称取甘氨酸 72 g，Tris 15 g，SDS 5 g，加水溶解后调pH至6.8，加水定容至500 mL，室温保存，使用时10倍稀释。

（8）转移缓冲液：称取甘氨酸 4.42 g，Tris 3.02 g，蒸馏水800 mL，甲醇 200 mL，充分溶解后室温保存，转膜前4 ℃预冷。

（9）20×TBS：称取NaCl 80 g，Tris 24.4 g，加水溶解后调pH至7.6，再加水定容至500 mL，室温保存。

（10）TBST：20×TBS 50 mL，Tween-20 2 mL，加水定容至1 000 mL。

（11）5%脱脂奶粉封闭液：称取脱脂奶粉0.5 g溶于10 mL的TBST中。

（12）全细胞裂解液：1% Triton X-100，0.015 mol/L NaCl，10 mmol/L Tris-HCl，1 mmol/L EDTA，1 mmol/L PMSF，10 μg/mL亮抑酶肽，10 μg/mL 胃酶抑素。

2. 全细胞提取物的制备

从细胞培养箱中取出细胞，弃去培养基，用PBS洗涤两次。在细胞板中加入适量的全细胞裂解液，放在冰上作用5 min。收集细胞裂解物到EP管中，12 000 r/min离心10 min，收集上清即为全细胞提取物。

3. SDS-PAGE电泳分离及转膜

（1）聚丙烯酰胺凝胶的制备

①浓度为12%的分离胶（7.5 mL）：水 2.4 mL，30%丙烯酰胺溶液 3 mL，1.5 mol/L Tris-HCl（pH 8.8）1.95 mL，10% SDS 0.075 mL，10%过硫酸铵 0.075 mL，TEMED 0.003 mL。

②浓度为5%的压缩胶（3 mL）：水 2.1 mL，30%丙烯酰胺溶液0.5 mL，1 mol/L Tris-HCl（pH 6.8）0.38 mL，10% SDS 0.03 mL，10%过硫酸铵 0.03 mL，TEMED 0.003 mL。

③聚丙烯酰胺凝胶的制备：将垂直电泳板按照要求装配好。在两块玻璃板中间加入上述的分离胶，然后加入2 mL蒸馏水，室温静止30 min。待分离胶聚合后，弃掉上层的蒸馏水，并用滤纸吸去残留的蒸馏水。加入上述的压缩胶，然后插入梳子。室温静置1 h，使压缩胶聚合。压缩胶聚合后，拔出梳子，并将玻璃板插入电泳槽中，加入适量1×蛋白电泳缓冲液，准备进行电泳。

（2）电泳、转膜与封闭

取适当体积的细胞提取物上样，恒流35 mA进行电泳。当溴酚蓝条带移动到分离胶底部时，将电泳停止。按照预染蛋白分子量marker，切取需要的凝胶，将激活过的（在甲醇溶液中浸泡45 s）PVDF膜与凝胶组装在一起，放入转移槽中，用转移缓冲液（−20 ℃预冷）充满转移槽。将转移槽放入冰盒中，连接电源，在恒压100 V条件下转移约2 h。2 h后，将PVDF膜取出，用TBST洗涤10 min，放入5%的脱脂奶粉封闭液中室温封闭约2 h。

（3）免疫印迹分析

封闭后，将PVDF膜取出，用TBST洗涤10 min，重复三次。将PVDF膜放入适当稀释的第一抗体中，4 ℃孵育过夜。将PVDF膜从抗体中取出，用TBST洗涤3次，每次10 min，然后将PVDF膜放入1∶2 000稀释的HRP标记的第二抗体中，室温孵育30 min。用TBST洗涤3次，每次10 min。用ECL-Plus试剂盒进行发光检测。

（六）MTT 分析

将HepG2或HEK293T细胞接种于96孔板中，密度为1×10^4个/每孔，然后放于细胞培养箱中培养24 h。实验组中加入不同浓度的紫杉醇和25-OCH_3-PPD，对照组中加入适量的DMSO，放回培养箱中培养48 h。每孔中加入20 μL MTT溶液，继续培养4 h。取出培养板，弃去培养基，每孔中加入150 μL的DMSO，在震荡器中震荡10 min。待结晶物全部溶解后，用酶标仪测定各孔的光吸收值（A_{570}）。

（七）统计学分析

采用卡方检验来分析实验数据，$P < 0.05$表示统计学意义差异显著，$P < 0.01$表示统计学意义差异非常显著，所有实验重复3次。

第三节　实验结果

一、内质网应激模型的构建

衣霉素(tunicamycin，TM)是一种蛋白糖基化抑制剂，被广泛用来诱导内质网应激[184]。因此，在进行天然小分子化合物筛选之前，我们用衣霉素刺激细胞，并检测其是否可以影响内质网应激标志物*SelS*和GRP78的表达，从而构建内质网应激模型。结果如图2-2A和图2-2B所示，衣霉素能够在不同浓度（5 μg/mL、10 μg/mL和15 μg/mL）和不同时间点（12 h、24 h和36 h）上调*SelS*的表达。图2-2C显示，不同浓度的衣霉素（5 μg/mL、10 μg/mL和15 μg/mL）也能够诱导GRP78的高表达。以上结果说明，衣霉素能够有效地诱导内质网应激。

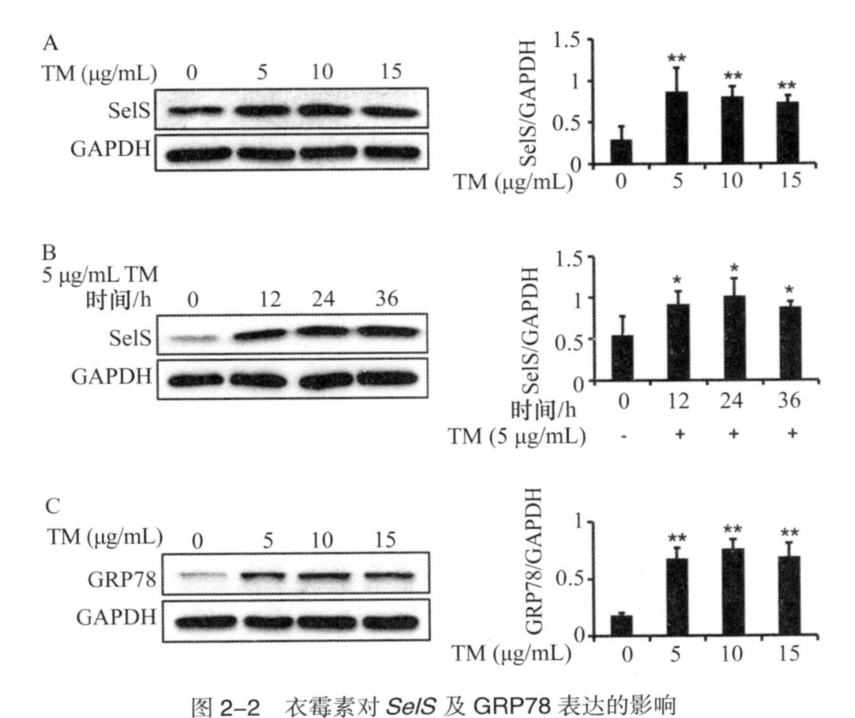

图 2-2　衣霉素对 *SelS* 及 GRP78 表达的影响

Figure 2-2　The effects of TM on *SelS* and GRP78 expression

A. 不同浓度的衣霉素对*SelS*表达的影响；B. 衣霉素作用不同时间后对*SelS*表达的影响；C. 不同浓度的衣霉素对GRP78表达的影响。

二、抑制 *SelS* 启动子活性的天然小分子化合物的筛选

为了筛选到能够抑制内质网应激的小分子化合物，我们在HEK293T细胞中转染了由*SelS*基因启动子驱动的荧光素酶报告载体pSelS-luc。然后，我们利用这一报告基因筛选模型对361个天然小分子化合物进行了初步筛选。结果如图2-3A所示，54种化合物能够显著抑制*SelS*启动子的活性（倍数小于1，$P < 0.05$）。

由于上述实验为初步筛选，存在实验误差，因此，需要对初

筛得到的54种化合物的活性进行验证。在HEK293T细胞中分别转入pGL3-basic和β-gal或pSelS-luc和β-gal，再分别加入终浓度为5 μg/mL的54种化合物，24 h后进行荧光素酶和β-半乳糖苷酶活性检测，之后计算倍数。结果如图2-3B所示，化合物紫杉醇（paclitaxel，PTX，结构式见图2-3C）与25-OCH_3-PPD [20(S)-25-methoxyl-dammarane-3β,12β,20-triol，结构式见图2-3D]对*SelS*启动子的抑制作用最为显著（倍数分别为0.368与0.370，$P < 0.05$）。

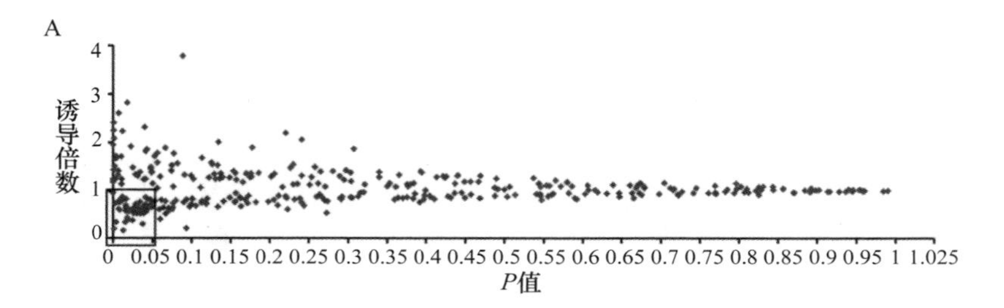

B

C

D

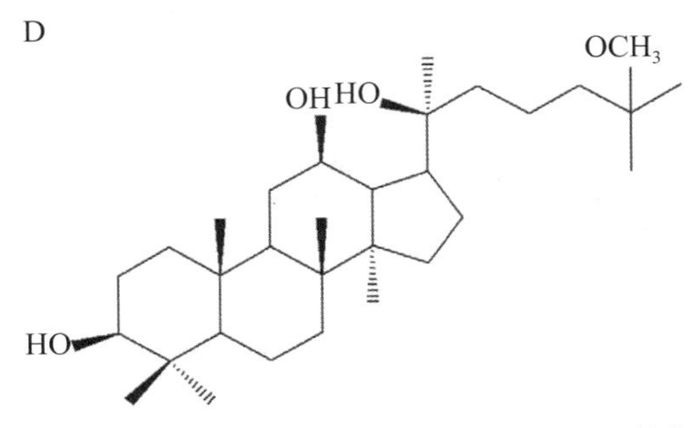

图 2–3　抑制 *SelS* 启动子活性化合物的筛选

Figure 2-3　Screening of compounds capable of inhibiting *SelS* promoter activity

A. 抑制*SelS*启动子活性化合物的初步筛选；B. 抑制*SelS*启动子活性化合物的复筛；C. 紫杉醇的化学结构；D. 25-OCH_3-PPD的化学结构。

三、紫杉醇对 *SelS* 表达与内质网应激的影响

（一）紫杉醇的细胞毒性

我们期望筛选到能够逆转细胞内质网应激，同时没有细胞毒性的化合物，所以我们检测了不同浓度的紫杉醇对HepG2细胞和HEK293T细胞活力的影响。结果如图2-4A、图2-4B所示，0.062 5 μg/mL与0.125 μg/mL的紫杉醇对HepG2细胞和HEK293T细胞没有毒性。所以，后续实验在低于0.125 μg/mL的浓度范围内进行。

A

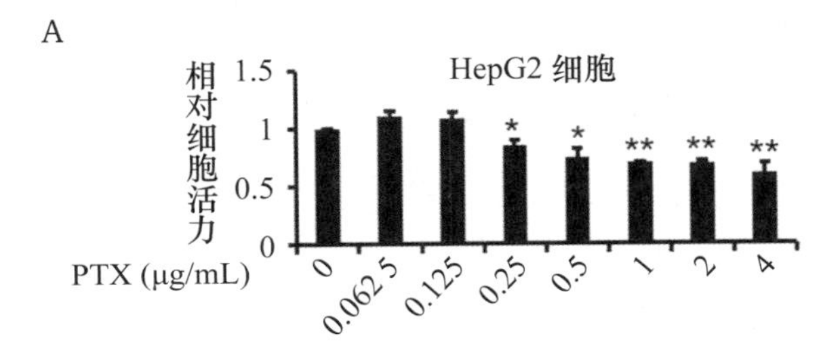

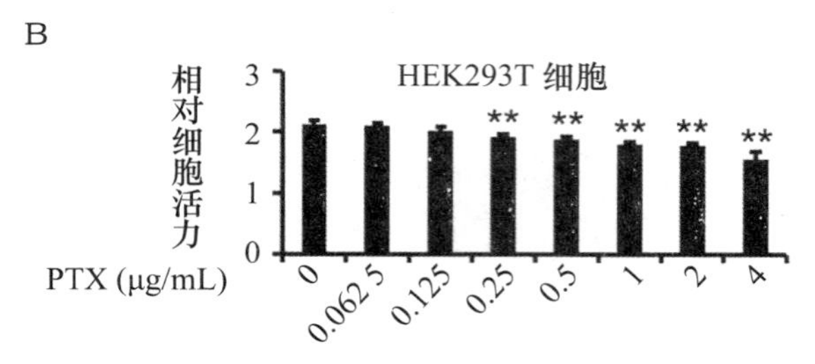

图 2-4　紫杉醇对细胞活力的影响

Figure 2-4　The effect of PTX on cell viability

A. 紫杉醇对HepG2细胞活力的影响；B. 紫杉醇对HEK293T细胞活力的影响。

（二）紫杉醇对 HepG2 细胞中 *SelS* 表达的影响

紫杉醇能够抑制*SelS*启动子活性，说明它具有抑制*SelS*表达的潜力。为了进一步证实紫杉醇对*SelS*表达的抑制作用，我们检测了紫杉醇对HepG2细胞中*SelS* mRNA和蛋白表达的影响。结果如图2-5A、图2-5B、图2-5C所示，衣霉素能够显著上调*SelS* mRNA的表达；衣霉素与紫杉醇（0.031 25 μg/mL、0.062 5 μg/mL和0.125 μg/mL）同时作用后，*SelS* mRNA的表达下降，说明紫杉醇能够在mRNA水平抑制衣霉素引起的*SelS*表达上调。同样，紫杉醇也能够在蛋白水平抑制衣霉素引起的*SelS*表达上调（见图2-5D—F）。

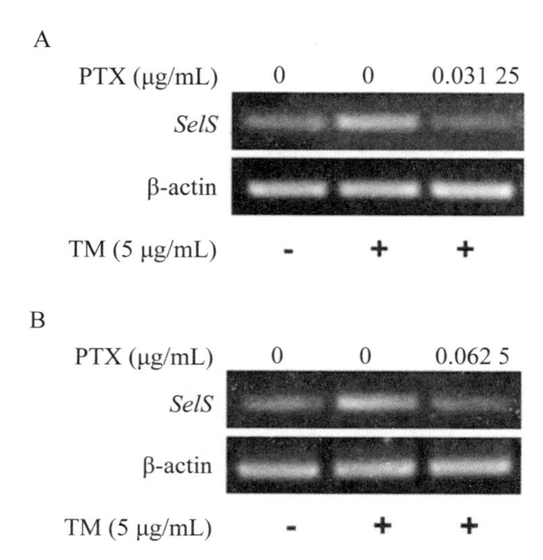

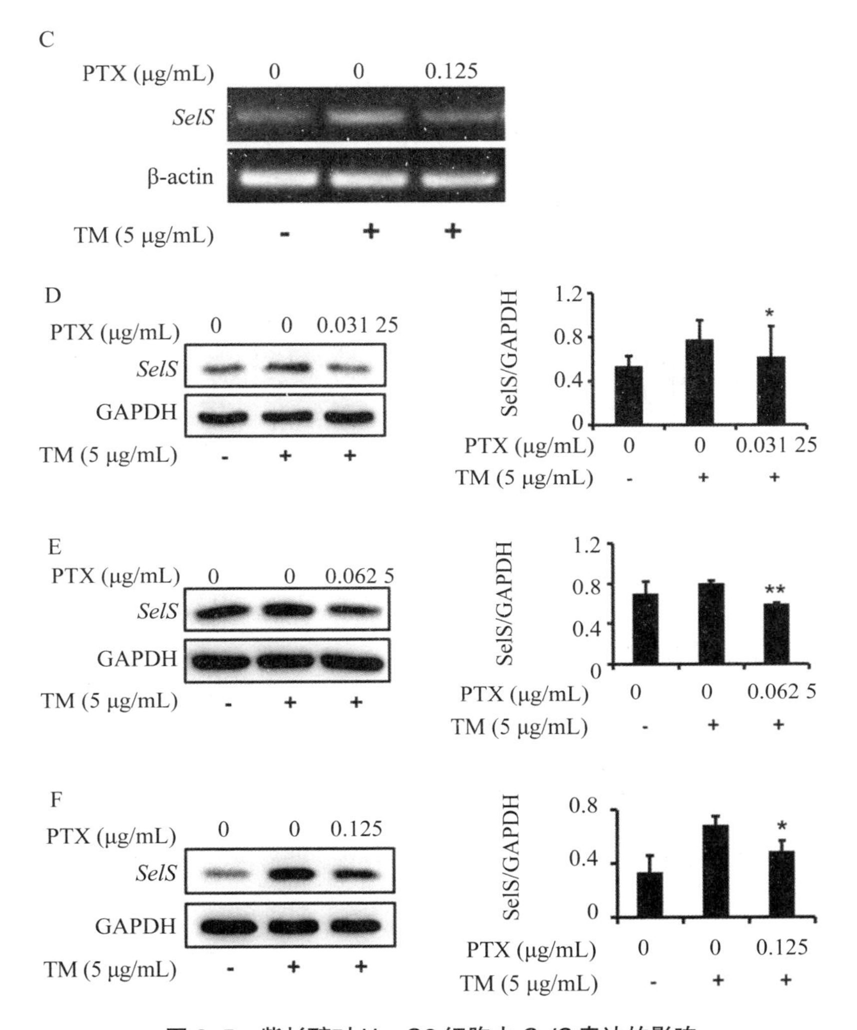

图 2-5　紫杉醇对 HepG2 细胞中 *SelS* 表达的影响

Figure 2-5　The effect of PTX on *SelS* expression in HepG2 cells

A—C. 不同浓度的紫杉醇对 *SelS* mRNA 表达的影响；D—F. 不同浓度的紫杉醇对 *SelS* 蛋白表达的影响。

（三）紫杉醇对 HepG2 细胞中内质网应激的影响

以上结果已经证明，紫杉醇能够抑制 *SelS* 的表达，而 *SelS* 又是内质网应激的标志物，所以接下来我们检测了紫杉醇对衣霉素诱导的内质网应激的影响。结果如图 2-6A、图 2-6B 所示，

0.062 5 μg/mL和0.125 μg/mL浓度的紫杉醇不仅能够显著抑制衣霉素引起的*SelS*的表达，同时也能够明显抑制内质网应激标志分子GRP78的表达。同样，紫杉醇（0.031 25 μg/mL）也能够显著逆转二硫苏糖醇（dithiothreitol，DTT）引起的*SelS*和GRP78的高表达（见图2-6C），说明紫杉醇能够逆转内质网应激。

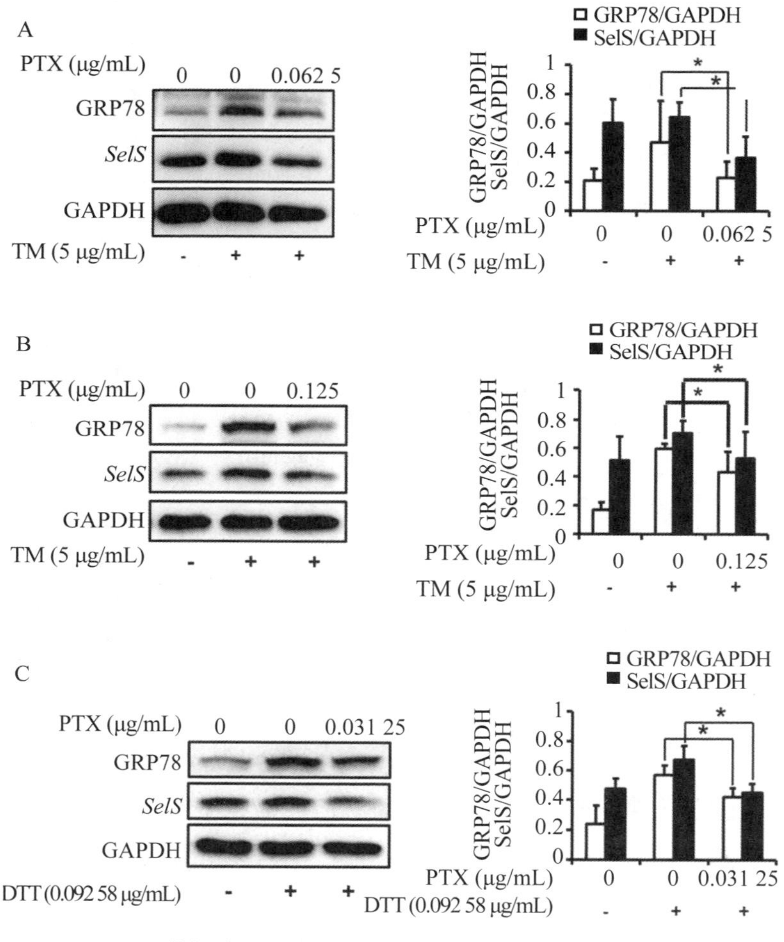

图2-6 紫杉醇对HepG2细胞中*SelS*及GRP78表达的影响

Figure 2-6 The effects of PTX on *SelS* and GRP78 expression in HepG2 cells

A—B. 不同浓度的紫杉醇对衣霉素诱导的*SelS*与GRP78表达的影响；C. 紫杉醇对二硫苏糖醇诱导的*SelS*与GRP78表达的影响。

（四）紫杉醇对 HEK293T 细胞中 *SelS* 表达及内质网应激的影响

紫杉醇能够在HepG2细胞中逆转内质网应激，那么，紫杉醇的这种作用是否适用于其他细胞。为此，我们检测了紫杉醇对衣霉素诱导的HEK293T细胞中内质网应激的影响。结果如图2-7A、图2-7B所示，紫杉醇（0.031 25 μg/mL和0.062 5 μg/mL）能够逆转衣霉素引起的*SelS*表达上调，同时，紫杉醇（0.031 25 μg/mL）也能够逆转衣霉素引起的GRP78的高表达（见图2-7C），说明在HEK293T细胞中紫杉醇也能够逆转内质网应激。

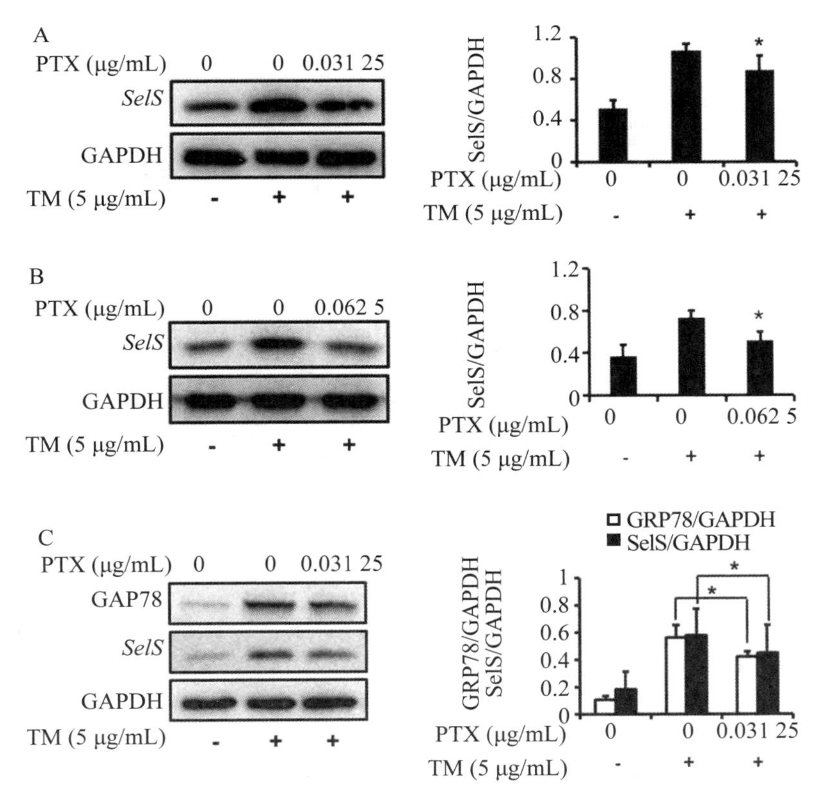

图 2–7　紫杉醇对 HEK293T 细胞中 *SelS* 及 GRP78 表达的影响

Figure 2-7　The effects of PTX on *SelS* and GRP78 expression in HEK239T cells

A—B. 不同浓度的紫杉醇对*SelS*表达的影响；C. 紫杉醇对*SelS*与GRP78表达的影响。

四、25-OCH_3-PPD 对 *SelS* 表达与内质网应激的影响

（一）25-OCH_3-PPD 的细胞毒性

首先，我们检测了不同浓度的25-OCH_3-PPD对HepG2细胞和HEK293T细胞活力的影响。结果如图2-8A、图2-8B所示，1 μg/mL、2 μg/mL与3 μg/mL的25-OCH_3-PPD对HepG2细胞和HEK293T细胞没有毒性。所以后续实验在低于3 μg/mL的浓度范围内进行。

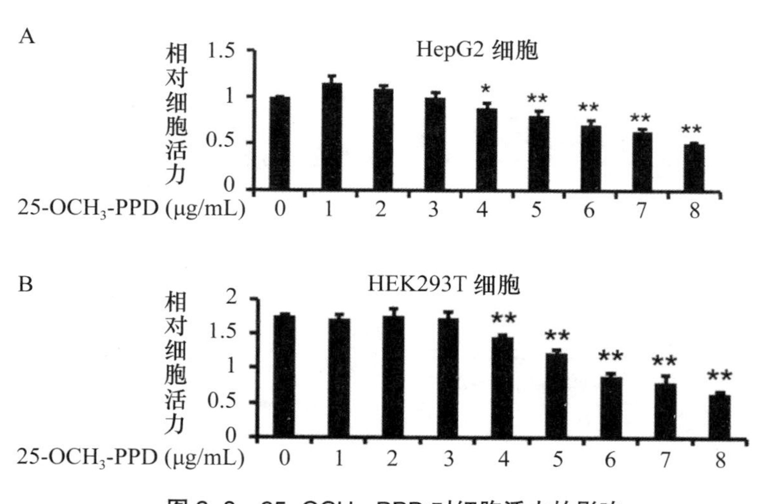

图 2-8　25-OCH_3-PPD 对细胞活力的影响

Figure 2-8　The effect of 25-OCH_3-PPD on cell viability

A. 25-OCH_3-PPD对HepG2细胞活力的影响；B. 25-OCH_3-PPD对HEK293T细胞活力的影响。

（二）25-OCH_3-PPD对HepG2细胞中*SelS*表达的影响

25-OCH_3-PPD能够抑制*SelS*启动子活性，说明它具有抑制*SelS*表达的潜力。为了进一步证实25-OCH_3-PPD对*SelS*表达的抑制作用，我们检测了25-OCH_3-PPD对HepG2细胞中*SelS* mRNA和蛋白表达的影响。结果如图2-9A、图2-9B、图2-9C所示，衣霉素能够显著上调*SelS* mRNA的表达；衣霉素与25-OCH_3-PPD（1 μg/mL、2 μg/mL和3 μg/mL）同时作用后，*SelS* mRNA的表达下降，说明25-OCH_3-PPD能够在mRNA水平抑制衣霉素引起的*SelS*表达上调。同样，25-OCH_3-PPD也能够在蛋白水平抑制衣霉素引起的*SelS*表达上调（图2-9D—F）。

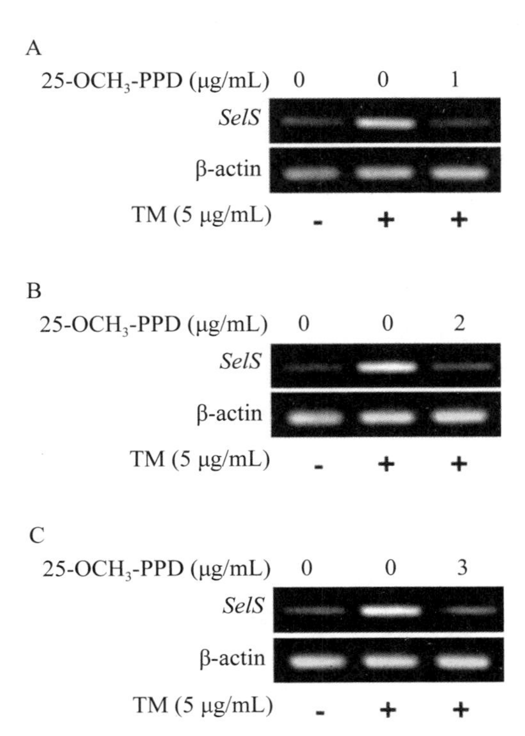

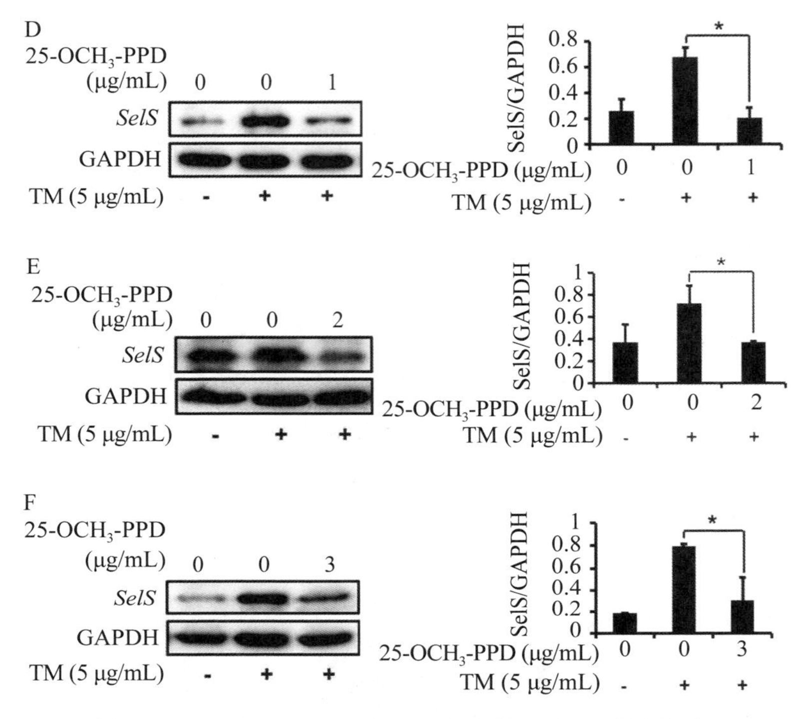

图 2-9 25-OCH_3-PPD 对 HepG2 细胞中 *SelS* 表达的影响

Figure 2-9 The effect of 25-OCH_3-PPD on *SelS* expression in HepG2 cells

A—C. 不同浓度的25-OCH_3-PPD对*SelS* mRNA表达的影响；D—F. 不同浓度的25-OCH_3-PPD对*SelS*蛋白表达的影响。

（三）25-OCH_3-PPD 对 HepG2 细胞中内质网应激的影响

以上结果已经证明，25-OCH_3-PPD能够抑制*SelS*的表达，而*SelS*又是内质网应激的标志物，所以接下来我们检测了25-OCH_3-PPD对衣霉素诱导的内质网应激的影响。结果如图2-10A—C所示，25-OCH_3-PPD（1 μg/mL、2 μg/mL和3 μg/mL）能够显著抑制内质网应激标志分子GRP78的表达，说明25-OCH_3-PPD能够逆转内质网应激。

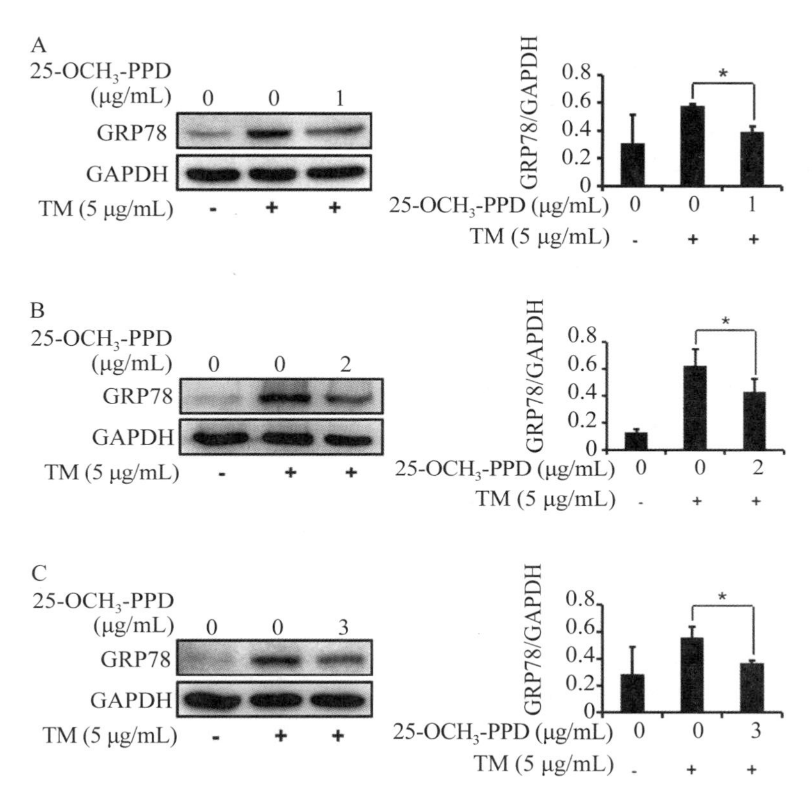

图 2-10　25-OCH_3-PPD 对 HepG2 细胞中 GRP78 表达的影响

Figure 2-10　The effect of 25-OCH_3-PPD on GRP78 expression in HepG2 cells

A—C. 不同浓度的25-OCH_3-PPD对衣霉素诱导的GRP78表达的影响。

（四）25-OCH_3-PPD 对 HEK293T 细胞中 *SelS* 表达及内质网应激的影响

25-OCH_3-PPD能够在HepG2细胞中逆转内质网应激，那么，25-OCH_3-PPD的这种作用是否适用于其他细胞。为此，我们检测了25-OCH_3-PPD对HEK293T细胞中内质网应激的影响。结果如图2-11A—C所示，25-OCH_3-PPD（1 μg/mL、2 μg/mL和3 μg/mL）能够逆转衣霉素引起的*SelS*与GRP78的高表达。同样，25-OCH_3-PPD（3 μg/mL）也能够显著逆转二硫苏糖醇（dithiothreitol，DTT）引起的*SelS*和GRP78的高表达（见图2-11D）。以上结果说明，

$25\text{-}OCH_3$-PPD能够在HEK293T细胞中逆转内质网应激。

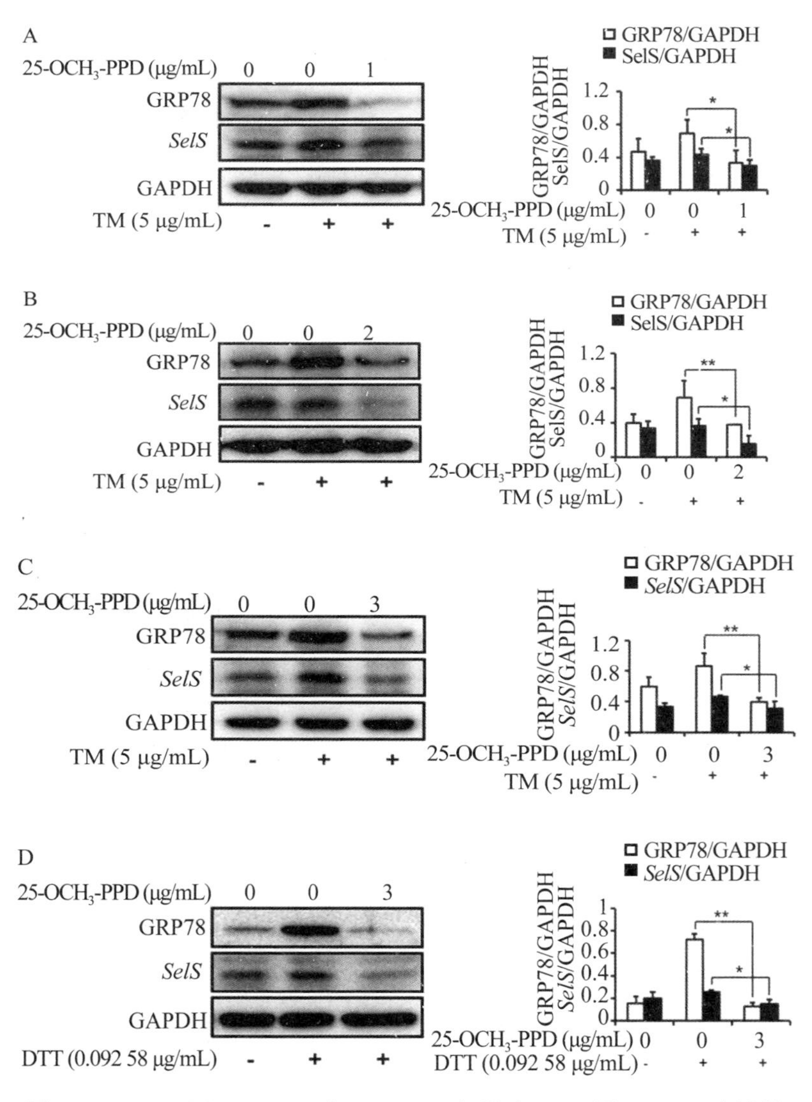

图2-11　$25\text{-}OCH_3$-PPD对HEK293T细胞中*SelS*及GRP78表达的影响

Figure 2-11　The effects of $25\text{-}OCH_3$-PPD on *SelS* and GRP78 expression in HEK239T cells

A—C. 不同浓度的$25\text{-}OCH_3$-PPD对衣霉素诱导的*SelS*与GRP78表达的影响；D. $25\text{-}OCH_3$-PPD对DTT诱导的*SelS*与GRP78表达的影响。

（五）25-OCH_3-PPD 逆转内质网应激的机制研究

丝裂原活化蛋白激酶（mitogen-activated protein kinase，MAPK）是一类保守的丝氨酸/苏氨酸蛋白激酶。MAPKs可以分为三个亚族：ERKs（extra cellular signal regulated kinases）、JNKs（c-jun N-terminal kinases）与p38 MAPKs[185]。MAPK信号通路处于信号转导的中心位置，在调节细胞增殖、分化、凋亡以及应激应答中起到关键作用[186]。研究表明，在内质网应激过程中，三种MAPK（ERK、JNK和p38）信号通路都被激活，参与调节UPR反应[187]。为了阐明25-OCH_3-PPD逆转内质网应激的机制，我们在不同时间点（15 min、30 min和1 h）检测了25-OCH_3-PPD对MAPK信号通路的影响。结果如图2-12A所示，在25-OCH_3-PPD处理1 h时，p-ERK1/2的水平显著升高，而p-JNK和p-p38的水平基本没有变化，说明25-OCH_3-PPD能够显著激活ERK信号通路，而对JNK和p38信号通路基本没有影响。

前面的结果已经证明，25-OCH_3-PPD能够逆转内质网应激，并且25-OCH_3-PPD能够激活ERK/MAPK信号通路。因此，我们推测25-OCH_3-PPD可能是通过激活ERK/MAPK信号通路来逆转内质网应激的。为了验证这一设想，我们利用ERK/MAPK信号通路抑制剂U0126来阻断ERK/MAPK信号通路，然后检测了25-OCH_3-PPD对内质网应激的影响。结果如图2-12B、图2-12C所示，U0126有效地逆转了25-OCH_3-PPD对GRP78的抑制作用。此结果提示，25-OCH_3-PPD是通过激活ERK/MAPK信号通路来逆转内质网应激的。

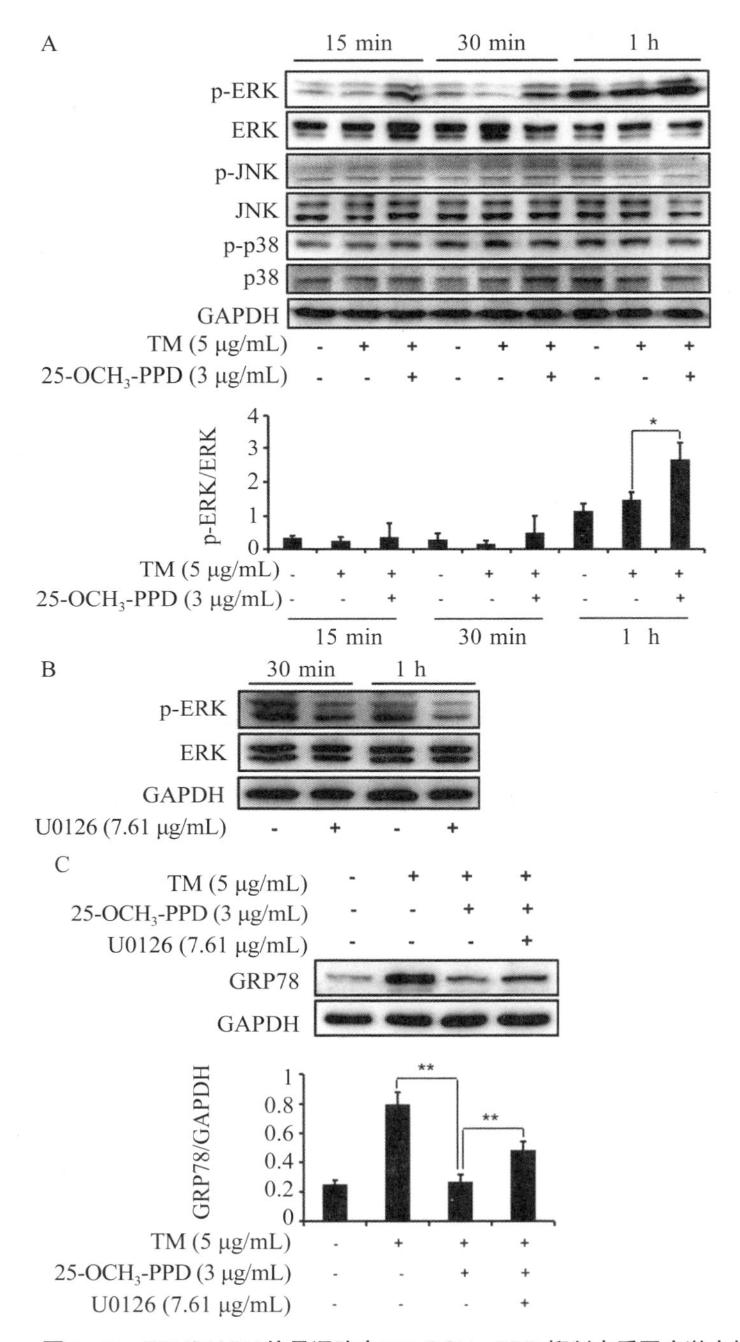

图 2–12 ERK/MAPK 信号通路在 25–OCH$_3$–PPD 抑制内质网应激中的作用

Figure 2-12 The role of ERK/MAPK signaling pathway in the inhibition of 25-OCH$_3$-PPD on ER stress

A. 25-OCH_3-PPD对MAPK信号通路的影响；B. U0126对ERK磷酸化水平的影响；C. U0126阻断ERK/MAPK信号通路后25-OCH_3-PPD对内质网应激的影响。

第四节　讨　论

内质网应激与很多疾病的发病机制有关，如神经退行性疾病、肝脏疾病、心血管疾病、糖尿病等[188-191]。因此，发现能够逆转内质网应激的药物对于相关疾病的治疗具有重要意义。天然化合物具有很高的化学多样性和生物特异性，是治疗很多疾病的潜在药物[192]。在发生内质网应激时，*SelS*的表达立即显著升高，当内质网恢复正常状态时，*SelS*的表达又明显下降，说明*SelS*是内质网应激的灵敏标志物[177]。因此，在本研究中我们以*SelS*为靶点，筛选能够逆转内质网应激的天然化合物。

*SelS*的启动子对于*SelS*的转录是必需的[180]。以往的研究表明，很多转录因子都能够与*SelS*的启动子区结合，从而调控*SelS*的表达[176,193]。在*SelS*启动子区还包含一个内质网应激应答元件（ER stress response element，ERSE），能够被内质网应激激活[176]。我们将*SelS*启动子（−1 073 bp/+39 bp）克隆入pGL3-basic载体中，构建了*SelS*启动子荧光素酶报告载体pSelS-luc，并将此报告质粒转染到细胞中，对361种天然小分子化合物进行了筛选。筛选结果显示，紫杉醇与25-OCH_3-PPD能够显著抑制*SelS*启动子的活性。进一步的实验结果显示，紫杉醇与25-OCH_3-PPD能够在mRNA水平和蛋白水平上抑制衣霉素诱导的*SelS*表达上调。

GRP78被广泛用作内质网应激的标志物[194,195]。为了证实紫杉醇与25-OCH_3-PPD能够逆转内质网应激，我们检测了紫杉醇对GRP78表达的影响。结果显示，紫杉醇与25-OCH_3-PPD能够抑制衣霉素和二硫苏糖醇引起的GRP78的高表达，说明紫杉醇与25-OCH_3-PPD能够逆转内质网应激。紫杉醇已经成为治疗多种肿瘤的药物，如肺癌、乳腺癌、结肠癌、前列腺癌等[196,197]。但是紫杉醇作为抗肿瘤药物有一个很大的弊端：癌细胞容易对紫杉醇产生抗药性从而导致复发[196]。紫杉醇的耐药性阻碍了其在治疗肿瘤中的应用。在本研究中，我们的结果显示，紫杉醇能够逆转内质网应激，这一结果为研究紫杉醇的抗药机制提供了新的视角。

我们的结果显示，紫杉醇（0.031 25 μg/mL、0.062 5 μg/mL和0.125 μg/mL）与25-OCH_3-PPD（1 μg/mL、2 μg/mL和3 μg/mL）能够逆转内质网应激，并且这些浓度的紫杉醇与25-OCH_3-PPD没有细胞毒性，说明亚毒性浓度的紫杉醇与25-OCH_3-PPD能够逆转内质网应激。但是高浓度的紫杉醇与25-OCH_3-PPD是否能够逆转内质网应激还需要进一步研究。

MAPK（ERK、JNK和p38）信号通路在内质网应激中发挥重要作用。研究表明，在内质网应激过程中，ERK信号通路能够抑制内质网应激、促进细胞存活；相反，JNK和p38信号通路能够加剧内质网应激、诱导细胞凋亡[198-200]。为了探索25-OCH_3-PPD逆转内质网应激的机制，我们检测了25-OCH_3-PPD对MAPK信号通路的影响。结果显示，25-OCH_3-PPD能够显著增强ERK的磷酸化水平，说明25-OCH_3-PPD能够激活ERK信号通路。阻断ERK信号通路逆转了25-OCH_3-PPD对内质网应激的抑制作用，说明25-OCH_3-PPD是通过激活ERK/MAPK信号通路来逆转内质网应激的。但是除了ERK信号通路外，还可能有其他的信号通路介导了25-OCH_3-PPD对内质网应激的抑制作用。而且，ERK被激活后是如何抑制内质网应激的？这些问题尚需要进一步研究。

内质网应激应答也称为未折叠蛋白反应，是在内质网应激发生时细胞采取的保护内质网功能的应答。未折叠蛋白反应通过几种机制来减轻未折叠蛋白负荷与维持内质网内稳态：抑制蛋白翻译、增加伴侣分子的转录、激活内质网相关的降解系统[201]。紫杉醇通过哪种机制抑制内质网应激还需要进一步研究。

综上所述，紫杉醇与25-OCH_3-PPD能够抑制*SelS*的表达，同时能够逆转内质网应激。本研究提供了两个能够逆转内质网应激的天然小分子化合物。同时，我们的结果也为紫杉醇的临床应用提供了新的视点。

第五节 结 论

（1）紫杉醇与25-OCH_3-PPD能够显著抑制*SelS*启动子活性（倍数分别为0.368与0.370，$P < 0.05$）。

（2）紫杉醇与25-OCH_3-PPD能够在mRNA水平和蛋白水平显著抑制衣霉素引起的*SelS*表达上调。

（3）紫杉醇与25-OCH_3-PPD能够显著抑制衣霉素和二硫苏糖醇诱导的*SelS*和GRP78的高表达，提示紫杉醇与25-OCH_3-PPD能够逆转衣霉素和二硫苏糖醇诱导的内质网应激。

（4）25-OCH_3-PPD通过ERK/MAPK信号通路逆转内质网应激。

参考文献

[1] THOMSON JA, ITSKOVITZ-ELDOR J, SHAPIRO SS, et al. Embryonic stem cell lines derived from human blastocysts [J]. Science, 1998, 282 (5391):1145-1147.

[2] MURRY CE, KELLER G. Differentiation of embryonic stem cells to clinically relevant populations: lessons from embryonic development [J]. Cell, 2008, 132 (4):661-680.

[3] WILLIAMS RL, HILTON DJ, Pease S, et al. Myeloid leukaemia inhibitory factor maintains the developmental potential of embryonic stem cells [J]. Nature, 1988, 336 (6200):684-687.

[4] AMIT M, CARPENTER MK, INOKUMA MS, et al. Clonally derived human embryonic stem cell lines maintain pluripotency and proliferative potential for prolonged periods of culture [J]. Dev Biol, 2000, 227 (2):271-278.

[5] WANG L, SCHULZ TC, SHERRER ES, et al. Self-renewal of human embryonic stem cells requires insulin-like growth factor-1 receptor and ERBB2 receptor signaling [J]. Blood, 2007, 110 (12):4111-4119.

[6] HOU P, LI Y, ZHANG X, et al. Pluripotent stem cells induced from mouse somatic cells by small-molecule compounds [J]. Science, 2013, 341 (6146):651-654.

[7] LI W, DING S. Small molecules that modulate embryonic stem cell fate and somatic cell reprogramming [J]. Trends Pharmacol Sci, 2009, 31 (1):36-45.

[8] KELLER G. Embryonic stem cell differentiation: emergence

of a new era in biology and medicine [J]. Genes Dev 2005, 19 (10):1129-1155.

[9] WEISSMAN IL. Stem cells: units of development, units of regeneration, and units in evolution [J]. Cell 2000, 100 (1):157-168.

[10] THOMSON JA, ODORICO JS. Human embryonic stem cell and embryonic germ cell lines [J]. Trends Biotechnol, 2000, 18 (2):53-57.

[11] SEABERG RM, VAN DER KOOY D. Stem and progenitor cells: the premature desertion of rigorous definitions [J]. Trends Neurosci, 2003, 26 (3):125-131.

[12] PRESNELL SC, PETERSEN B, HEIDARAN M. Stem cells in adult tissues [J]. Semin Cell Dev Biol, 2002, 13 (5):369-376.

[13] TAKAHASHI K, YAMANAKA S. Induction of pluripotent stem cells from mouse embryonic and adult fibroblast cultures by defined factors [J]. Cell, 2006, 126 (4):663-676.

[14] LEWITZKY M, YAMANAKA S. Reprogramming somatic cells towards pluripotency by defined factors [J]. Curr Opin Biotechnol, 2007, 18 (5):467-473.

[15] NISHIKAWA S, GOLDSTEIN RA, NIERRAS CR. The promise of human induced pluripotent stem cells for research and therapy [J]. Nat Rev Mol Cell Biol, 2008, 9 (9):725-729.

[16] NICHOLS J, ZEVNIK B, ANASTASSIADIS K, et al. Formation of pluripotent stem cells in the mammalian embryo depends on the POU transcription factor Oct4 [J]. Cell, 1998, 95 (3):379-391.

[17] PLANCHAIS S, PERENNES C, GLAB N, et al. Characterization of cis-acting element involved in cell cycle phase-independent activation of Arath;CycB1;1 transcription and identification of putative regulatory proteins [J]. Plant Mol Biol, 2002, 50 (1):111-127.

[18] MOLKENTIN JD, ANTOS C, MERCER B, et al. Direct activation of a GATA6 cardiac enhancer by Nkx2.5: evidence for a reinforcing regulatory network of Nkx2.5 and GATA transcription factors in the developing heart [J]. Dev Biol, 2000, 217 (2):301-309.

[19] HATTORI N, NISHINO K, KO YG, et al. Epigenetic control of mouse Oct-4 gene expression in embryonic stem cells and trophoblast stem cells [J]. J Biol Chem, 2004, 279 (17):17063-17069.

[20] MADDIKA S, KAVELA S, RANI N, et al. WWP2 is an E3 ubiquitin ligase for PTEN [J]. Nat Cell Biol, 2011, 13 (6):728-733.

[21] GUO Y, EINHORN L, KELLEY M, et al. Redox regulation of the embryonic stem cell transcription factor oct-4 by thioredoxin [J]. Stem Cells, 2004, 22 (3):259-264.

[22] PESCE M, SCHOLER HR. Oct-4: gatekeeper in the beginnings of mammalian development [J]. Stem Cells, 2001, 19 (4):271-278.

[23] SUO G, HAN J, WANG X, et al. Oct4 pseudogenes are transcribed in cancers [J]. Biochem Biophys Res Commun, 2005, 337 (4):1047-1051.

[24] NIWA H, MIYAZAKI J, SMITH AG. Quantitative expression of Oct-3/4 defines differentiation, dedifferentiation or self-renewal of ES cells [J]. Nat Genet, 2000, 24 (4):372-376.

[25] GRECO SJ, LIU K, RAMESHWAR P. Functional similarities among genes regulated by OCT4 in human mesenchymal and embryonic stem cells [J]. Stem Cells, 2007, 25 (12):3143-3154.

[26] KIM JH, JEE MK, LEE SY, et al. Regulation of adipose tissue stromal cells behaviors by endogenic Oct4 expression control [J]. PLoS One, 2009, 4 (9):e7166.

[27] OKUDA T, TAGAWA K, QI ML, et al. Oct-3/4 repression accelerates differentiation of neural progenitor cells in vitro and in vivo [J]. Brain Res Mol Brain Res, 2004, 132 (1):18-30.

[28] HOCHEDLINGER K, YAMADA Y, BEARD C, et al. Ectopic expression of Oct-4 blocks progenitor-cell differentiation and causes dysplasia in epithelial tissues [J]. Cell, 2005, 121 (3):465-477.

[29] TAI MH, CHANG CC, KIUPEL M, et al. Oct4 expression in adult human stem cells: evidence in support of the stem cell theory of carcinogenesis [J]. Carcinogenesis, 2005, 26 (2):495-502.

[30] YU H, FANG D, KUMAR SM, et al. Isolation of a novel population of multipotent adult stem cells from human hair follicles [J]. Am J Pathol, 2006, 168 (6):1879-1888.

[31] PARK IH, ZHAO R, WEST JA, et al. Reprogramming of human somatic cells to pluripotency with defined factors [J]. Nature, 2008, 451 (7175):141-146.

[32] TAKAHASHI K, TANABE K, OHNUKI M, et al. Induction of pluripotent stem cells from adult human fibroblasts by defined factors [J]. Cell, 2007, 131 (5):861-872.

[33] YU J, VODYANIK MA, SMUGA-OTTO K, et al. Induced pluripotent stem cell lines derived from human somatic cells [J]. Science, 2007, 318 (5858):1917-1920.

[34] KIM JB, ZAEHRES H, WU G, et al. Pluripotent stem cells induced from adult neural stem cells by reprogramming with two factors [J]. Nature, 2008, 454 (7204):646-650.

[35] BOYER LA, LEE TI, COLE MF, et al. Core transcriptional regulatory circuitry in human embryonic stem cells [J]. Cell, 2005, 122 (6):947-956.

[36] LOH YH, WU Q, CHEW JL, et al. The Oct4 and Nanog transcription network regulates pluripotency in mouse embryonic stem cells [J]. Nat Genet, 2006, 38 (4):431-440.

[37] RODDA DJ, CHEW JL, LIM LH, et al. Transcriptional regulation of nanog by OCT4 and SOX2 [J]. J Biol Chem, 2005, 280 (26):24731-24737.

[38] CHEN X, XU H, YUAN P, et al. Integration of external signaling pathways with the core transcriptional network in embryonic stem cells [J]. Cell, 2008, 133 (6):1106-1117.

[39] BABAIE Y, HERWIG R, GREBER B, et al. Analysis of Oct4-dependent transcriptional networks regulating self-renewal and pluripotency in human embryonic stem cells [J]. Stem Cells, 2007, 25 (2):500-510.

[40] VALLIER L, ALEXANDER M, PEDERSEN RA. Activin/Nodal and FGF pathways cooperate to maintain pluripotency of human embryonic stem cells [J]. J Cell Sci, 2005, 118 (Pt 19):4495-4509.

[41] GREBER B, LEHRACH H, ADJAYE J. Fibroblast growth factor 2 modulates transforming growth factor beta signaling in mouse embryonic fibroblasts and human ESCs (hESCs) to support hESC self-renewal [J]. Stem Cells, 2007, 25 (2):455-464.

[42] SILVA J, SMITH A. Capturing pluripotency [J]. Cell, 2008, 132 (4):532-536.

[43] TAKAHASHI K, MURAKAMI M, YAMANAKA S. Role of the phosphoinositide 3-kinase pathway in mouse embryonic stem (ES) cells [J]. Biochem Soc Trans, 2005, 33 (Pt 6):1522-1525.

[44] MATOBA R, NIWA H, MASUI S, et al. Dissecting Oct3/4-regulated gene networks in embryonic stem cells by expression profiling [J]. PLoS One, 2006, 1:e26.

[45] LOH YH, ZHANG W, CHEN X, et al. Jmjd1a and Jmjd2c histone H3 Lys 9 demethylases regulate self-renewal in embryonic stem cells [J]. Genes Dev, 2007, 21 (20):2545-2557.

[46] MARSON A, LEVINE SS, COLE MF, et al. Connecting microRNA genes to the core transcriptional regulatory circuitry of embryonic stem cells [J]. Cell, 2008, 134 (3):521-533.

[47] XU N, PAPAGIANNAKOPOULOS T, PAN G, et al. Micro-

RNA-145 regulates OCT4, SOX2, and KLF4 and represses pluripotency in human embryonic stem cells [J]. Cell, 2009, 137 (4):647-658.

[48] JI HF, LI XJ, ZHANG HY. Natural products and drug discovery. Can thousands of years of ancient medical knowledge lead us to new and powerful drug combinations in the fight against cancer and dementia? [J]. EMBO Rep, 2009, 10 (3):194-200.

[49] LI JW, VEDERAS JC. Drug discovery and natural products: end of an era or an endless frontier? [J]. Science, 2009, 325 (5937):161-165.

[50] LEE ML, SCHNEIDER G. Scaffold architecture and pharmacophoric properties of natural products and trade drugs: application in the design of natural product-based combinatorial libraries [J]. J Comb Chem, 2001, 3 (3):284-289.

[51] CORSON TW, CREWS CM. Molecular understanding and modern application of traditional medicines: triumphs and trials [J]. Cell, 2007, 130 (5):769-774.

[52] CAMPBELL DB. The role of radiopharmacological imaging in streamlining the drug development process [J]. Q J Nucl Med, 1997, 41 (2):163-169.

[53] KOLTERMANN A, KETTLING U, BIESCHKE J, et al. Rapid assay processing by integration of dual-color fluorescence cross-correlation spectroscopy: high throughput screening for enzyme activity [J]. Proc Natl Acad Sci U S A, 1998, 95 (4):1421-1426.

[54] HAANSTRA JR, STEWART M, LUU VD, et al. Control and regulation of gene expression: quantitative analysis of the expression of phosphoglycerate kinase in bloodstream form Trypanosoma brucei [J]. J Biol Chem, 2008, 283 (5):2495-2507.

[55] FICKETT JW, HATZIGEORGIOU AG. Eukaryotic promoter recognition [J]. Genome Res, 1997, 7 (9):861-878.

[56] PEDERSEN AG, BALDI P, CHAUVIN Y, et al. The biology

of eukaryotic promoter prediction--a review [J]. Comput Chem, 1999, 23 (3-4):191-207.

[57] KUTACH AK, KADONAGA JT. The downstream promoter element DPE appears to be as widely used as the TATA box in Drosophila core promoters [J]. Mol Cell Biol, 2000, 20 (13):4754-4764.

[58] PETERS B, MEREZHINSKAUA N, DIFFLEY JF, et al. Protein-DNA interactions in the epsilon-globin gene silencer [J]. J Biol Chem, 1993, 268 (5):3430-3437.

[59] BANIAHMAD A, MULLER M, STEINER C, et al. Activity of two different silencer elements of the chicken lysozyme gene can be compensated by enhancer elements [J]. EMBO J, 1987, 6 (8):2297-2303.

[60] LOGSDON CD, SIMEONE DM, BINKLEY C, et al. Molecular profiling of pancreatic adenocarcinoma and chronic pancreatitis identifies multiple genes differentially regulated in pancreatic cancer [J]. Cancer Res, 2003, 63 (10):2649-2657.

[61] MILLIGAN G. High-content assays for ligand regulation of G-protein-coupled receptors [J]. Drug Discov Today, 2003, 8 (13):579-585.

[62] SOLAN NJ, MIYOSHI H, CARMONA EM, et al. RelB cellular regulation and transcriptional activity are regulated by p100 [J]. J Biol Chem, 2002, 277 (2):1405-1418.

[63] MAY MJ, GHOSH S. Rel/NF-kappa B and I kappa B proteins: an overview [J]. Semin Cancer Biol, 1997, 8 (2):63-73.

[64] DENK A, WIRTH T, BAUMANN B. NF-kappaB transcription factors: critical regulators of hematopoiesis and neuronal survival [J]. Cytokine Growth Factor Rev, 2000, 11 (4):303-320.

[65] SACHDEV S, HHFFMANN A, HANNINK M. Nuclear localization of IkappaB alpha is mediated by the second ankyrin

repeat: the IkappaB alpha ankyrin repeats define a novel class of cis-acting nuclear import sequences [J]. Mol Cell Biol, 1998, 18 (5):2524-2534.

[66] HUXFORD T, HUANG DB, MALEK S, et al. The crystal structure of the IkappaBalpha/NF-kappaB complex reveals mechanisms of NF-kappaB inactivation [J]. Cell, 1998, 95 (6):759-770.

[67] GHOSH S, KARIN M. Missing pieces in the NF-kappaB puzzle [J]. Cell, 2002, 109 Suppl:S81-96.

[68] HAYDEN MS, GHOSH S. Shared principles in NF-kappaB signaling [J]. Cell, 2008, 132 (3):344-362.

[69] HSU LC, ENZLER T, SEITA J, et al. IL-1beta-driven neutrophilia preserves antibacterial defense in the absence of the kinase IKKbeta [J]. Nat Immunol, 2011, 12 (2):144-150.

[70] MC GUIRE C, PRINZ M, BEYAERT R, et al. Nuclear factor kappa B (NF-kappaB) in multiple sclerosis pathology [J]. Trends Mol Med, 2010, 19 (10):604-613.

[71] ZANDI E, KARIN M. Bridging the gap: composition, regulation, and physiological function of the IkappaB kinase complex [J]. Mol Cell Biol, 1999, 19 (7):4547-4551.

[72] ARENZANA-SEISDEDOS F, TURPIN P, RODRIGUEZ M, et al. Nuclear localization of I kappa B alpha promotes active transport of NF-kappa B from the nucleus to the cytoplasm [J]. J Cell Sci, 1997, 110 (Pt 3):369-378.

[73] SUN Z, ANDERSSON R. NF-kappaB activation and inhibition: a review [J]. Shock, 2002, 18 (2):99-106.

[74] NAUGLER WE, KARIN M. NF-kappaB and cancer-identifying targets and mechanisms [J]. Curr Opin Genet Dev, 2008, 18 (1)19-26.

[75] ARANHA MM, BORRALHO PM, RAVASCO P, et al. NF-kappaB and apoptosis in colorectal tumourigenesis [J]. Eur J Clin

Invest, 2007, 37 (5):416-424.

[76] KARIN M, BEN-NERIAH Y. Phosphorylation meets ubiquitination: the control of NF-[kappa]B activity [J]. Annu Rev Immunol, 2000, 18:621-663.

[77] KISTLER B, ROLINK A, MARIENFELD R, et al. Induction of nuclear factor-kappa B during primary B cell differentiation [J]. J Immunol, 1998, 160 (5):2308-2317.

[78] SHA WC, LIOU HC, TUOMANEN EI, et al. Targeted disruption of the p50 subunit of NF-kappa B leads to multifocal defects in immune responses [J]. Cell, 1995, 80 (2):321-330.

[79] BALDWIN AS, Jr. The NF-kappa B and I kappa B proteins: new discoveries and insights [J]. Annu Rev Immunol, 1996, 14:649-683.

[80] ARSURA M, WU M, SONENSHEIN GE. TGF beta 1 inhibits NF-kappa B/Rel activity inducing apoptosis of B cells: transcriptional activation of I kappa B alpha [J]. Immunity, 1996, 5 (1):31-40.

[81] SACHLOS E, RISUENO RM, LAROBNDE S, et al. Identification of drugs including a dopamine receptor antagonist that selectively target cancer stem cells [J]. Cell, 2012, 149 (6):1284-1297.

[82] SHU J, WU C, WU Y, et al. Induction of pluripotency in mouse somatic cells with lineage specifiers [J]. Cell, 2013, 153 (5):963-975.

[83] SHI Y, DESPONTS C, DO JT, et al. Induction of pluripotent stem cells from mouse embryonic fibroblasts by Oct4 and Klf4 with small-molecule compounds [J]. Cell Stem Cell, 2008, 3 (5):568-574.

[84] CUZZOCREA S, CHATTERJEE PK, MAZZON E, et al. Pyrrolidine dithiocarbamate attenuates the development of acute and chronic inflammation [J]. Br J Pharmacol, 2002, 135 (2):496-510.

[85] SKAUG B, JIANG X, CHEN ZJ. The role of ubiquitin

in NF-kappaB regulatory pathways [J]. Annu Rev Biochem, 2009, 78:769-796.

[86] INOUE J, GOHDA J, AKIYAMA T. Characteristics and biological functions of TRAF6 [J]. Adv Exp Med Biol, 2007, 597: 72-79.

[87] WALSH MC, KIM N, KADONO Y, et al. Osteoimmunology: interplay between the immune system and bone metabolism [J]. Annu Rev Immunol, 2006, 24:33-63.

[88] LI Z, RANA TM. A kinase inhibitor screen identifies small-molecule enhancers of reprogramming and iPS cell generation [J]. Nat Commun, 2012, 3:1085.

[89] CONESA C, DOSS MX, ANTZELEVITCH C, et al. Identification of specific pluripotent stem cell death-inducing small molecules by chemical screening [J]. Stem Cell Rev, 2011, 8 (1):116-127.

[90] TSAI SY, BOUWMAN BA, ANG YS, et al. Single transcription factor reprogramming of hair follicle dermal papilla cells to induced pluripotent stem cells [J]. Stem Cells, 2011, 29 (6):964-971.

[91] YANG HM, DO HJ, OH JH, et al. Characterization of putative cis-regulatory elements that control the transcriptional activity of the human Oct4 promoter [J]. J Cell Biochem, 2005, 96 (4):821-830.

[92] NORDHOFF V, HUBNER K, BAUER A, et al. Comparative analysis of human, bovine, and murine Oct-4 upstream promoter sequences [J]. Mamm Genome, 2001, 12 (4):309-317.

[93] JERABEK S, MERINO F, SCHOLER HR, et al. OCT4: dynamic DNA binding pioneers stem cell pluripotency [J]. Biochim Biophys Acta, 2013, 1839 (3):138-154.

[94] YOUNG RA. Control of the embryonic stem cell state [J]. Cell, 2011, 144 (6):940-954.

[95] FRUM T, HALBISEN MA, WANG C, et al. Oct4 cell-

autonomously promotes primitive endoderm development in the mouse blastocyst [J]. Dev Cell, 2013, 25 (6):610-622.

[96] WANG Z, ORON E, NELSON B, et al. Distinct lineage specification roles for NANOG, OCT4, and SOX2 in human embryonic stem cells [J]. Cell Stem Cell, 2012, 10 (4):440-454.

[97] LINDVALL C, BU W, WILLIAMS BO, et al. Wnt signaling, stem cells, and the cellular origin of breast cancer [J]. Stem Cell Rev, 2007, 3 (2):157-168.

[98] YING QL, NICHOLS J, CHAMBERS I, et al. BMP induction of Id proteins suppresses differentiation and sustains embryonic stem cell self-renewal in collaboration with STAT3 [J]. Cell, 2003, 115 (3):281-292.

[99] RAUTA PR, SAMANTA M, DASH HR, et al, Das S. Toll-like receptors (TLRs) in aquatic animals: signaling pathways, expressions and immune responses [J]. Immunol Lett, 2013, 158 (1-2):14-24.

[100] SUBRAMANIAM S, STANSBERG C, CUNNINGHAM C. The interleukin 1 receptor family [J]. Dev Comp Immunol, 2004, 28 (5):415-428.

[101] VEZZANI A, MAROSO M, BALOSSO S, et al. IL-1 receptor/Toll-like receptor signaling in infection, inflammation, stress and neurodegeneration couples hyperexcitability and seizures [J]. Brain Behav Immun, 2011, 25 (7):1281-1289.

[102] LEE J, SAYED N, HUNTER A, et al. Activation of innate immunity is required for efficient nuclear reprogramming [J]. Cell, 2012, 151 (3):547-558.

[103] AHN C, AN BS, JEUNG EB. Streptozotocin induces endoplasmic reticulum stress and apoptosis via disruption of calcium homeostasis in mouse pancreas [J]. Mol Cell Endocrinol, 2015, 412:302-308.

[104] GE HW, HU WW, MA LL, et al. Endoplasmic reticulum stress pathway mediates isoflurane-induced neuroapoptosis and cognitive impairments in aged rats [J]. Physiol Behav, 2015, 151:16-23.

[105] COMINACINI L, MOZZINI C, GARBIBN U, et al. Endoplasmic reticulum stress and Nrf2 signaling in cardiovascular diseases [J]. Free Radic Biol Med, 2015.

[106] LIANG J, KULASIRI D, SAMARASINGHE S. Ca(2+) dysregulation in the endoplasmic reticulum related to Alzheimer' s disease: A review on experimental progress and computational modeling [J]. Biosystems, 2015, 134:1-15.

[107] QIN W, ZHANG X, YANG L, et al. Microcystin-LR altered mRNA and protein expression of endoplasmic reticulum stress signaling molecules related to hepatic lipid metabolism abnormalities in mice [J]. Environ Toxicol Pharmacol, 2015, 40 (1):114-121.

[108] BORRIS RP. Natural products research: perspectives from a major pharmaceutical company [J]. J Ethnopharmacol, 1996, 51 (1-3):29-38.

[109] FEWELL SW, TRAVERS KJ, WEISSMAN JS, et al. The action of molecular chaperones in the early secretory pathway [J]. Annu Rev Genet, 2001, 35:149-191.

[110] SCHRODER M, KAUFMAN RJ. ER stress and the unfolded protein response [J]. Mutat Res, 2005, 569 (1-2):29-63.

[111] DE SILVA AM, BALCH WE, HELENIUS A. Quality control in the endoplasmic reticulum: folding and misfolding of vesicular stomatitis virus G protein in cells and in vitro [J]. J Cell Biol, 1990, 111 (3):857-866.

[112] KAUFMAN RJ, SCHEUNER D, SCHRODER M, et al. The unfolded protein response in nutrient sensing and differentiation

[J]. Nat Rev Mol Cell Biol, 2002, 3 (6):411-421.

[113] RON D. Translational control in the endoplasmic reticulum stress response [J]. J Clin Invest, 2002, 110 (10):1383-1388.

[114] KOZUTSUMI Y, SEGAL M, NORMINGTON K, et al. The presence of malfolded proteins in the endoplasmic reticulum signals the induction of glucose-regulated proteins [J]. Nature, 1988, 332 (6163):462-464.

[115] OTERO JH, LIZAK B, HENDERSHOT LM. Life and death of a BiP substrate [J]. Semin Cell Dev Biol, 2009, 21 (5):472-478.

[116] BASU S, SRIVASTAVA PK. Calreticulin, a peptide-binding chaperone of the endoplasmic reticulum, elicits tumor- and peptide-specific immunity [J]. J Exp Med, 1999, 189 (5):797-802.

[117] CHAPMAN DC, WILLIAMS DB. ER quality control in the biogenesis of MHC class I molecules [J]. Semin Cell Dev Biol, 2010, 21 (5):512-519.

[118] ELLGAARD L, MOLINARI M, HELENIUS A. Setting the standards: quality control in the secretory pathway [J]. Science, 1999, 286 (5446):1882-1888.

[119] RON D, WALTER P. Signal integration in the endoplasmic reticulum unfolded protein response [J]. Nat Rev Mol Cell Biol, 2007, 8 (7):519-529.

[120] SCHRODER M, KAUFMAN RJ. The mammalian unfolded protein response [J]. Annu Rev Biochem, 2005, 74:739-789.

[121] PARMAR VM, SCHRODER M. Sensing endoplasmic reticulum stress [J]. Adv Exp Med Biol, 2012, 738:153-168.

[122] TIRASOPHOW W, WELIHINDA AA, KAUFMAN RJ. A stress response pathway from the endoplasmic reticulum to the nucleus requires a novel bifunctional protein kinase/ endoribonuclease (Ire1p) in mammalian cells [J]. Genes Dev, 1998, 12 (12):1812-1824.

[123] BOOT-HANDFORD RP, BRIGGS MD. The unfolded protein response and its relevance to connective tissue diseases [J]. Cell Tissue Res, 2009, 339 (1):197-211.

[124] LEE K, TIRASOPHOW W, SHEN X, et al. IRE1-mediated unconventional mRNA splicing and S2P-mediated ATF6 cleavage merge to regulate XBP1 in signaling the unfolded protein response [J]. Genes Dev, 2002, 16 (4):452-466.

[125] HETZ C. The unfolded protein response: controlling cell fate decisions under ER stress and beyond [J]. Nat Rev Mol Cell Biol, 2012, 13 (2):89-102.

[126] HOLLIEN J, WEISSMAN JS. Decay of endoplasmic reticulum-localized mRNAs during the unfolded protein response [J]. Science, 2006, 313 (5783):104-107.

[127] MAO T, SHAO M, QIU Y, et al. PKA phosphorylation couples hepatic inositol-requiring enzyme 1alpha to glucagon signaling in glucose metabolism [J]. Proc Natl Acad Sci U S A, 2011, 108 (38):15852-15857.

[128] PFAFFENBACH KT, NIVALA AM, Reese L, et al. Rapamycin inhibits postprandial-mediated X-box-binding protein-1 splicing in rat liver [J]. J Nutr, 2010, 140 (5):879-884.

[129] PARK SW, ZHOU Y, LEE J, et al. The regulatory subunits of PI3K, p85alpha and p85beta, interact with XBP-1 and increase its nuclear translocation [J]. Nat Med, 2010, 16 (4):429-437.

[130] SHI Y, VATTEM KM, SOOD R, et al. Identification and characterization of pancreatic eukaryotic initiation factor 2 alpha-subunit kinase, PEK, involved in translational control [J]. Mol Cell Biol, 1998, 18 (12):7499-7509.

[131] LU PD, JOUSSE C, MARCINIAK SJ, et al. Cytoprotection by pre-emptive conditional phosphorylation of translation initiation factor 2 [J]. EMBO J, 2004, 23 (1):169-179.

[132] WEK RC, CAVENER DR. Translational control and the unfolded protein response [J]. Antioxid Redox Signal, 2007, 9 (12):2357-2371.

[133] CULLINAN SB, ZHANG D, HANNIBNK M, et al. Nrf2 is a direct PERK substrate and effector of PERK-dependent cell survival [J]. Mol Cell Biol, 2003, 23 (20):7198-7209.

[134] VAN HUIZEN R, MARTINDALE JL, GOROSPE M, et al. P58IPK, a novel endoplasmic reticulum stress-inducible protein and potential negative regulator of eIF2alpha signaling [J]. J Biol Chem, 2003, 278 (18):15558-15564.

[135] NOVOA I, ZENG H, HARDING HP, et al. Feedback inhibition of the unfolded protein response by GADD34-mediated dephosphorylation of eIF2alpha [J]. J Cell Biol, 2001, 153 (5):1011-1022.

[136] SHEN J, CHEN X, HENDERSHOT L, et al. ER stress regulation of ATF6 localization by dissociation of BiP/GRP78 binding and unmasking of Golgi localization signals [J]. Dev Cell, 2002, 3 (1):99-111.

[137] YE J, RAWSON RB, KOMURO R, et al. ER stress induces cleavage of membrane-bound ATF6 by the same proteases that process SREBPs [J]. Mol Cell, 2000, 6 (6):1355-1364.

[138] BOMMIASAMY H, BACK SH, FAGONE P, et al. ATF6alpha induces XBP1-independent expansion of the endoplasmic reticulum [J]. J Cell Sci, 2009, 122 (Pt 10):1626-1636.

[139] LEVINE B, KLIONSKY DJ. Development by self-digestion: molecular mechanisms and biological functions of autophagy [J]. Dev Cell, 2004, 6 (4):463-477.

[140] TALLOCZY Z, JIANG W, VIRGIN HWT, et al. Regulation of starvation- and virus-induced autophagy by the eIF2alpha kinase signaling pathway [J]. Proc Natl Acad Sci U S A,

2002, 99 (1):190-195.

[141] WEI Y, SINHA S, LEVINE B. Dual role of JNK1-mediated phosphorylation of Bcl-2 in autophagy and apoptosis regulation [J]. Autophagy, 2008, 4 (7):949-951.

[142] PATTINGRE S, BAUVY C, CARPENTIER S, et al. Role of JNK1-dependent Bcl-2 phosphorylation in ceramide-induced macroautophagy [J]. J Biol Chem, 2009, 284 (5):2719-2728.

[143] KOUROKU Y, FUJITA E, TANIDA I, et al. ER stress (PERK/eIF2alpha phosphorylation) mediates the polyglutamine-induced LC3 conversion, an essential step for autophagy formation [J]. Cell Death Differ, 2007, 14 (2):230-239.

[144] TABAS I, RON D. Integrating the mechanisms of apoptosis induced by endoplasmic reticulum stress [J]. Nat Cell Biol, 2011, 13 (3):184-190.

[145] HAN D, LERNER AG, VANDE WALLE L, et al. IRE1alpha kinase activation modes control alternate endoribonuclease outputs to determine divergent cell fates [J]. Cell, 2009, 138 (3):562-575.

[146] BASSIK MC, SCORRANO L, OAKES SA, et al. Phosphorylation of BCL-2 regulates ER Ca2+ homeostasis and apoptosis [J]. EMBO J, 2004, 23 (5):1207-1216.

[147] SUGENO N, TAKEDA A, HASEGAWA T, et al. Serine 129 phosphorylation of alpha-synuclein induces unfolded protein response-mediated cell death [J]. J Biol Chem, 2008, 283 (34):23179-23188.

[148] SILVA RM, RIES V, OO TF, et al. CHOP/GADD153 is a mediator of apoptotic death in substantia nigra dopamine neurons in an in vivo neurotoxin model of parkinsonism [J]. J Neurochem, 2005, 95 (4):974-986.

[149] LEE JH, WON SM, SUH J, et al. Induction of the unfolded protein response and cell death pathway in Alzheimer' s disease, but

not in aged Tg2576 mice [J]. Exp Mol Med, 2010, 42 (5):386-394.

[150] PRASANTHI JR, LARSON T, SCHOMMER J, et al. Silencing GADD153/CHOP gene expression protects against Alzheimer's disease-like pathology induced by 27-hydroxycholesterol in rabbit hippocampus [J]. PLoS One, 2011, 6 (10):e26420.

[151] KANG MJ, RYOO HD. Suppression of retinal degeneration in Drosophila by stimulation of ER-associated degradation [J]. Proc Natl Acad Sci U S A, 2009, 106 (40):17043-17048.

[152] OSKOLKOVA OV, AFONYUSHKIN T, LEITNER A, et al. ATF4-dependent transcription is a key mechanism in VEGF up-regulation by oxidized phospholipids: critical role of oxidized sn-2 residues in activation of unfolded protein response [J]. Blood, 2008, 112 (2):330-339.

[153] MARTINON F, CHEN X, LEE AH, et al. TLR activation of the transcription factor XBP1 regulates innate immune responses in macrophages [J]. Nat Immunol, 2010, 11 (5):411-418.

[154] WOO CW, KUTZLER L, KIMBALL SR, et al. Toll-like receptor activation suppresses ER stress factor CHOP and translation inhibition through activation of eIF2B [J]. Nat Cell Biol, 2012, 14 (2):192-200.

[155] GARG AD, KACZMAREK A, KRYSKO O, et al. ER stress-induced inflammation: does it aid or impede disease progression? [J]. Trends Mol Med, 2012, 18 (10):589-598.

[156] CHENG G, FENG Z, HE B. Herpes simplex virus 1 infection activates the endoplasmic reticulum resident kinase PERK and mediates eIF-2alpha dephosphorylation by the gamma(1)34.5 protein [J]. J Virol, 2005, 79 (3):1379-1388.

[157] HE B. Viruses, endoplasmic reticulum stress, and interferon responses [J]. Cell Death Differ, 2006, 13 (3):393-403.

[158] ROMERO-RAMIREZ L, CAO H, REGALADO MP, et al.

X box-binding protein 1 regulates angiogenesis in human pancreatic adenocarcinomas [J]. Transl Oncol, 2009, 2 (1):31-38.

[159] RI M, TASHIRO E, OIKAWA D, et al. Identification of Toyocamycin, an agent cytotoxic for multiple myeloma cells, as a potent inhibitor of ER stress-induced XBP1 mRNA splicing [J]. Blood Cancer J, 2012, 2 (7):e79.

[160] GRZMIL M, KAULFUSS S, THELEN P, et al. Expression and functional analysis of Bax inhibitor-1 in human breast cancer cells [J]. J Pathol, 2006, 208 (3):340-349.

[161] LI X, ZHANG K, LI Z. Unfolded protein response in cancer: the physician' s perspective [J]. J Hematol Oncol, 2011, 4:8.

[162] BACK SH, SCHEUNER D, HAN J, et al. Translation attenuation through eIF2alpha phosphorylation prevents oxidative stress and maintains the differentiated state in beta cells [J]. Cell Metab, 2009, 10 (1):13-26.

[163] KAWASAKI N, ASADA R, SAITO A, et al. Obesity-induced endoplasmic reticulum stress causes chronic inflammation in adipose tissue [J]. Sci Rep, 2012, 2:799.

[164] OZCAN L, ERGIN AS, LU A, et al. Endoplasmic reticulum stress plays a central role in development of leptin resistance [J]. Cell Metab, 2009, 9 (1):35-51.

[165] OZCAN U, CAO Q, YILMAZ E, et al. Endoplasmic reticulum stress links obesity, insulin action, and type 2 diabetes [J]. Science, 2004, 306 (5695):457-461.

[166] BURK RF, HILL KE. Selenoprotein P: an extracellular protein with unique physical characteristics and a role in selenium homeostasis [J]. Annu Rev Nutr, 2005, 25:215-235.

[167] HOFFMANN PR, BERRY MJ. The influence of selenium on immune responses [J]. Mol Nutr Food Res, 2008, 52 (11):1273-1280.

[168] KRYUKOV GV, CASTELLANO S, NOVOSELOV SV,

et al. Characterization of mammalian selenoproteomes [J]. Science, 2003, 300 (5624):1439-1443.

[169] BERRY MJ. Insights into the hierarchy of selenium incorporation [J]. Nat Genet, 2005, 37 (11):1162-1163.

[170] WALDER K, KANTHAM L, MCMILLAN JS, et al. Tanis: a link between type 2 diabetes and inflammation? [J]. Diabetes, 2002, 51 (6):1859-1866.

[171] GAO Y, WALDER K, SUNDERLAND T, et al. Elevation in Tanis expression alters glucose metabolism and insulin sensitivity in H4IIE cells [J]. Diabetes, 2003, 52 (4):929-934.

[172] YE Y, SHIBATA Y, YUN C, et al. A membrane protein complex mediates retro-translocation from the ER lumen into the cytosol [J]. Nature, 2004, 429 (6994):841-847.

[173] KIM KH, GAO Y, WALDER K, et al. SEPS1 protects RAW264.7 cells from pharmacological ER stress agent-induced apoptosis [J]. Biochem Biophys Res Commun, 2007, 354 (1):127-132.

[174] CHRISTENSEN LC, JENSEN NW, VALA A, et al. The human selenoprotein VCP-interacting membrane protein (VIMP) is non-globular and harbors a reductase function in an intrinsically disordered region [J]. J Biol Chem, 2012, 287 (31):26388-26399.

[175] SHCHEDRINA VA, ZHANG Y, LABUNSKYY VM, et al. Structure-function relations, physiological roles, and evolution of mammalian ER-resident selenoproteins [J]. Antioxid Redox Signal, 2009, 12 (7):839-849.

[176] GAO Y, FENG HC, WALDER K, et al. Regulation of the selenoprotein SelS by glucose deprivation and endoplasmic reticulum stress - SelS is a novel glucose-regulated protein [J]. FEBS Lett, 2004, 563 (1-3):185-190.

[177] DU S, LIU H, HUANG K. Influence of SelS gene silence on beta-Mercaptoethanol-mediated endoplasmic reticulum stress and

cell apoptosis in HepG2 cells [J]. Biochim Biophys Acta, 2010, 1800 (5):511-517.

[178] LILLEY BN, PLOEGH HL. Multiprotein complexes that link dislocation, ubiquitination, and extraction of misfolded proteins from the endoplasmic reticulum membrane [J]. Proc Natl Acad Sci U S A, 2005, 102 (40):14296-14301.

[179] ODA Y, OKADA T, YOSHIDA H, et al. Derlin-2 and Derlin-3 are regulated by the mammalian unfolded protein response and are required for ER-associated degradation [J]. J Cell Biol, 2006, 172 (3):383-393.

[180] GAO Y, HANNAN NR, WANYONYI S, et al. Activation of the selenoprotein SEPS1 gene expression by pro-inflammatory cytokines in HepG2 cells [J]. Cytokine, 2006, 33 (5):246-251.

[181] CURRAN JE, JOWETT JB, ELLIOTT KS, et al. Genetic variation in selenoprotein S influences inflammatory response [J]. Nat Genet, 2005, 37 (11):1234-1241.

[182] GAO Y, PAGNON J, FENG HC, et al. Secretion of the glucose-regulated selenoprotein SEPS1 from hepatoma cells [J]. Biochem Biophys Res Commun, 2007, 356 (3):636-641.

[183] KARLSSON HK, TSUCHIDA H, LAKE S, et al. Relationship between serum amyloid A level and Tanis/SelS mRNA expression in skeletal muscle and adipose tissue from healthy and type 2 diabetic subjects [J]. Diabetes, 2004, 53 (6):1424-1428.

[184] LEE AS. The glucose-regulated proteins: stress induction and clinical applications [J]. Trends Biochem Sci, 2001, 26 (8):504-510.

[185] FARRUKH MR, NISSAR UA, KAISER PJ, et al. Glycyrrhizic acid (GA) inhibits reactive oxygen Species mediated photodamage by blocking ER stress and MAPK pathway in UV-B irradiated human skin fibroblasts [J]. J Photochem Photobiol B, 2015, 148:351-357.

[186] DU M, CHEN M, SHEN H, et al. CyHV-2 ORF104 activates the p38 MAPK pathway [J]. Fish Shellfish Immunol, 2015, 46 (2):268-273.

[187] DARLING NJ, COOK SJ. The role of MAPK signalling pathways in the response to endoplasmic reticulum stress [J]. Biochim Biophys Acta, 2014, 1843 (10):2150-2163.

[188] DARA L, JI C, KAPLOWITZ N. The contribution of endoplasmic reticulum stress to liver diseases [J]. Hepatology, 2011, 53 (5):1752-1763.

[189] LIU H, CAO MM, WANG Y, et al. Endoplasmic reticulum stress is involved in the connection between inflammation and autophagy in type 2 diabetes [J]. Gen Comp Endocrinol, 2014, 210:124-129.

[190] LUO T, KIM JK, CHEN B, et al. Attenuation of ER stress prevents post-infarction-induced cardiac rupture and remodeling by modulating both cardiac apoptosis and fibrosis [J]. Chem Biol Interact, 2014, 225:90-98.

[191] TORRES M, MATAMALA JM, DURAN-ANIOTZ C, et al. ER stress signaling and neurodegeneration: At the intersection between Alzheimer' s disease and Prion-related disorders [J]. Virus Res, 2015.

[192] SULAIMAN RS, BASAVARAJAPPA HD, CORSON TW. Natural product inhibitors of ocular angiogenesis [J]. Exp Eye Res, 2014, 129:161-171.

[193] OLSSON M, OLSSON B, JACOBSON P, et al. Expression of the selenoprotein S (SELS) gene in subcutaneous adipose tissue and SELS genotype are associated with metabolic risk factors [J]. Metabolism, 2011, 60 (1):114-120.

[194] IWASA K, NAMBU Y, MOTOZAKI Y, et al. Increased skeletal muscle expression of the endoplasmic reticulum chaperone

GRP78 in patients with myasthenia gravis [J]. J Neuroimmunol, 2014, 273 (1-2):72-76.

[195] MA KX, CHEN GW, SHI CY, et al. Molecular characterization of the glucose-regulated protein 78 (GRP78) gene in planarian Dugesia japonica [J]. Comp Biochem Physiol B Biochem Mol Biol, 2014, 171:12-17.

[196] CHATTERJEE A, CHATTOPADHYAY D, CHAKRABARTI G. MiR-16 targets Bcl-2 in paclitaxel-resistant lung cancer cells and overexpression of miR-16 along with miR-17 causes unprecedented sensitivity by simultaneously modulating autophagy and apoptosis [J]. Cell Signal, 2014, 27 (2):189-203.

[197] HOLLEMAN A, CHUNG I, OLSEN RR, et al. miR-135a contributes to paclitaxel resistance in tumor cells both in vitro and in vivo [J]. Oncogene, 2011, 30 (43):4386-4398.

[198] CROFT A, TAY KH, BOYD SC, et al. Oncogenic activation of MEK/ERK primes melanoma cells for adaptation to endoplasmic reticulum stress [J]. J Invest Dermatol, 2013, 134 (2):488-497.

[199] MOLTON SA, TODD DE, COOK SJ. Selective activation of the c-Jun N-terminal kinase (JNK) pathway fails to elicit Bax activation or apoptosis unless the phosphoinositide 3’-kinase (PI3K) pathway is inhibited [J]. Oncogene, 2003; 22 (30):4690-4701.

[200] MALUMBRES M, BARBACID M. Mammalian cyclin-dependent kinases [J]. Trends Biochem Sci, 2005; 30 (11):630-641.

[201] CNOP M, FOUFELLE F, VELLOSO LA. Endoplasmic reticulum stress, obesity and diabetes [J]. Trends Mol Med, 2011, 18 (1):59-68.

英文缩写词

英文缩写	英文全称	中文全称
AP1	activator protein 1	活化蛋白 1
AFP	alpha fetoprotein	甲胎蛋白
ATF6	activating transcription factor 6	转录激活因子 6
bFGF	basic fibroblast growth factor	碱性成纤维生长因子
Bcl-2	B cell lymphoma-2	B 细胞淋巴瘤相关基因 -2
cDNA	complimentary deoxyribonucleic acid	互补脱氧核糖核酸
CHOP	CCAAT/enhancer-binding protein homologous protein	CCAAT 增强子结合蛋白
CRE	cAMP-response-element-binding protein	cAMP 应答元件结合蛋白
cTnT	cardiac troponin T	心肌肌钙蛋白 T
DAG	diacylglycerol	二酰甘油
DAPI	4',6-diamidino-2-phenylindole	4',6- 二脒基 -2- 苯基吲哚
DEPC	diethypyrocatbonate	焦磷酸二乙酯

续 表

英文缩写	英文全称	中文全称
DMEM	Dulbeccoo's modified Eagle's medium	改良的 Eagle 培养
DMSO	dimethyl sulphoxide	二甲基亚砜
dNTP	deoxyribonucleosidetri phosphase	脱氧核糖核苷三磷酸
EPMC	ethyl-p-methoxycinnamate	对甲氧基桂皮酸乙酯
ERK	extracellular regulated proteinkinases	细胞外调节蛋白激酶
ER	endoplasmic reticulum	内质网
EDTA	Ethylene Diamine Tetraacetic Acid	乙二胺四乙酸
eIF2α	eukaryotic translation initiation factor 2α	真核生物翻译起始因子 2α
ERQC	ER quality control	内质网质量控制
ERAD	ER-associated degradation	内质网相关降解
ESC	embryonic stem cell	胚胎干细胞
GAPDH	glyceraldehyde 3-phosphate dehydrogenase	甘油三磷酸脱氢酶
GRP	glucose regulated protein	葡萄糖调节蛋白
GLS	golgi localization sequences	高尔基体定位序列
HRP	horseradish pero Yidase	辣根过氧化物酶

续　表

英文缩写	英文全称	中文全称
IGF-1	insulin-like growth factor-1	胰岛素样生长因子
IL-1R	interleukin-1 receptor	白细胞介素 1
iPSC	induced pluripotent stem cell	诱导性多潜能干细胞
IKK	IκB kinase	IκB 激酶
IRE1	inositol-requiring kinase 1	肌醇需求酶 1
LIF	leukemia inhibitory factor	白血病抑制因子
mTORC1	mammalian target of rapamycin complex 1	哺乳动物雷帕霉素靶蛋白 1
MTT	methyl thiazolyl tetrazolium	甲基偶氮唑蓝
MyD88	myeloid differentiation factor 88	髓样分化因子 88
MAPK	mitogen-activated protein kinases	丝裂原活化蛋白激酶
NF-κB	NF-kappa beta	核转录因子 κB
Nrf2	nuclear factor (erythroid-derived 2)-related factor2	核因子 E2 相关因子 2
PERK	protein kinase-like endoplasmic reticulum kinase	蛋白激酶 R 样内质网激酶
PVDF	polyvinylidene fluoride	聚偏氟乙烯

续　表

英文缩写	英文全称	中文全称
PBS	phosphate-buffered saline	磷酸盐缓冲液
PCR	polymerase Chain Reaction	聚合酶链式反应
PI3K	phosphatidylinositol 3-hydroxy kinase	磷脂酰肌醇 -3- 羟激酶
Rb	Retinoblastoma protein	成视网膜细胞瘤蛋白
RT-PCR	reverse-transcription polymerise chain reaction	逆转录聚合酶链反应
SP1	specificity protein 1	特异性蛋白 1
SRE	sterol-regulatory-element-binding protein	固醇调节元件结合蛋白
STAT3	signal transduction and activators oftranscription-3	信号传导和转录激活因子 3
SelS	selenoprotein S	硒蛋白 S
TBST	tris-buffered saline with tween-20	含 Tween-20 的 Tris 盐缓冲液
TGF-β	transforming growth factor-β	转化生长因子 -β
TNF	tumor necrosis factor	肿瘤坏死因子
TNFR	TNF receptor	肿瘤坏死因子受体
TRAF6	TNF receptor associated factor 6	TNFR 相关因子 6
TLR	toll-like receptor	Toll 样受体

续 表

英文缩写	英文全称	中文全称
Tuj1	class Ⅲ beta-tubulin	β3 微管蛋白
UC-MSCs	umbilical cord mesenchymal stem cells	脐带间充质干细胞
UPR	unfolded protein response	未折叠蛋白反应